U0363744

《云龙蚕桑志》编纂委员会

主　　任：赵　丰

副 主 任：柴伟梁 李明辉

委　　员（按姓氏笔画为序）：张镇西 范卫福 俞敏敏

主　　编：张镇西

编辑人员（按姓氏笔画为序）：朱善九 刘碧虹 沈瑞康 周建初

主要摄影（按姓氏笔画为序）：方炳华 朱善九 张镇西 周建初

云龙蚕桑志

Records of Sericulture in Yunlong

（修订版）

◎ 张镇西 主编

中国丝绸博物馆
海宁市档案局　编
海宁市史志办公室

ZHEJIANG UNIVERSITY PRESS
浙江大学出版社

中国书法家协会主席苏士澍题"云龙"

村容村貌

云龙村民委员会办公楼，于2014年12月在原云龙接待站旧址建造（2017年摄）

云龙村村容（2015年摄）

云龙村便民服务大厅（2016年摄）

云龙村文化礼堂（2016年摄）

云龙村村务公开栏（2015年摄）

云龙村村规民约牌（2016 年摄）

云龙村农田面貌（2016 年摄）

云龙村胡云路道路状况（2015 年摄）

村口的陈浩题"蚕乡"景观石（2015年摄）

云龙村农民公园（2016年摄）

云龙茧站现状（2017年摄）

荣　誉

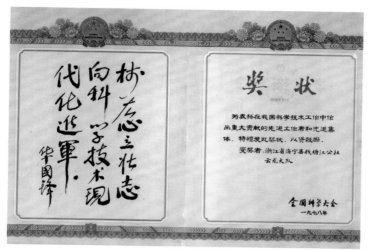

1978年云龙大队荣获全国科学大会奖状（云龙村村委会藏）

1979年云龙大队荣获国务院嘉奖令（云龙村村委会藏）

新农村建设

云龙大队建一生产队新农村住宅（1977年摄）

云龙大队张纪兴家庭住进新农村住宅后的生活场景（1977年摄）

云龙六组李家埭新农村住宅
（1985 年摄）

20 世纪 80 年代云龙村村民范卫福的婚房（1985 年摄）

云龙小学教室（1985 年摄）

接待站前操场上的乒乓球运动（1985年摄）　　　　云龙小学篮球场（1985年摄）

云龙村幼儿园（1985年摄）

云龙村阅览室（1985年摄）

接待站底楼的云龙村电视室（1985年摄）

云龙村医务室（1985年摄）

云龙村广播站（1985年摄）

云龙村书记朱芝明给青年上课（1985年摄）

20 世纪 80 年代初建设的云龙新村现状（2016 年摄）

云龙村新农村住宅保护更新（2016 年摄）

桑园建设

云龙大队云龙寺港两侧成片的桑园喷灌（1978年摄）

云龙村六队新农村房前屋后的桑园地（1985年摄）

冬季桑园挑窖头（猪羊厩肥）（1977年摄）

春季采桑叶（1977 年摄）

冬季雪地桑树整枝（1977年摄）

二队蚕业队长褚继发在桑地施猪肥（1977年摄）

云龙村民培桑施春肥（1977年摄）

冬季挑泥平整桑地（1976年摄）

桑地积肥

云龙大队社员罱河泥积肥(1977年摄)

云 龙 大 队 社 员
开 挖 庙 浜 积 肥
（1977 年摄）

蚕室蚕具

云龙大队第一所小队草房蚕室（1976年摄）

云龙大队平房蚕室（1973年新华社记者摄，浙江图书馆藏）

云龙村九组姚家埭传统民房蚕室（2015 年摄）

建于 1976 年的云龙村八组陈角落电气化楼房
蚕室（2015 年摄）

云龙村油车桥 47 号农户的主要蚕具：小方
匾、长箔、茧篮、蚕架（2015 年摄）

建于 2016 年的四季智能蚕室（2016 年摄）

云龙村茧站的烘茧架（2015 年摄）   云龙村多层蚕架（2015 年摄）

云龙村现代家庭烘茧灶（2015 年摄）

养　蚕

云龙大队二队社员在南大池清洗蚕匾（20世纪70年代摄）

养蚕给桑（1977年摄）

云龙十五队褚根荣的母亲（蚕娘）在传授养蚕技术（1977年摄）

采茧子

集体禾帚把采茧（1977年摄）

蚕茧收购

云龙茧站蚕茧收购（1977年摄）

水上船运集体售茧（1977年摄）

云龙蚕俗文化园内蚕茧收购（2016年摄）

蚕茧加工

云龙丝厂的白厂丝产品（1977年摄）

　　缫土丝（2013年摄）

云龙丝厂立缫车间(1977年摄)

科学试验

科学试验组人员朱芝明（左二）、褚林泉（右一）、张子祥（左一）等（1977年摄）

公社与大队干部苏晋堂、陈东海、李锦松（自左至右）察看桑树试验情况（1977年摄）

其他生产活动

云龙的小麦生产（1977年摄）

云龙大队赤脚医生张根法（右二）等在田头服务（1977年摄）

云龙大队拖拉机队（1977 年摄）

稻田喷灌（1977 年摄）

油菜田（1977 年摄）

良种场家禽饲养（1977 年摄）

南大池珍珠养殖池（1985 年摄）

云龙良种场的种猪场、奶牛场（1985 年摄）

接待交流

1983年中非共和国国家元首安德烈·科林巴由浙江省副省长沈祖伦（左三）陪同在云龙参观

1977年海宁县委领导陈玉山（左二）在云龙接待巴基斯坦政府贵宾

1974年日本日中农业农民交流协会考察团在云龙（海宁市档案馆藏）

1978年西萨摩亚代总理、农林部长等在云龙考察（海宁市档案馆藏）

2012 年澳大利亚
西澳州玛格丽特
河郡代表团一行
在云龙蚕俗文化
园参观交流

云龙接待站（1995 年年底改作
村委会，2013 年摄）

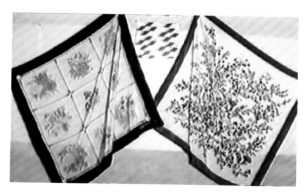

国际交流礼品（1985 年摄）

1977 年长期驻队干部海宁县农业局副局长张觉天（右二）接待前来云龙参观考察的代表团

领导调研

2012 年浙江省委常委、宣传部长茅临生（左三）由海宁市委书记林毅（左四），市委常委、宣传部部长姚建新（右一），周王庙镇党委书记朱孝华（右三）陪同在云龙调研蚕俗文化

2016 年浙江省政协副主席孙文友（中）在蚕俗文化园考察

2015 年浙江省文化厅副厅长、省文物局局长陈瑶（左二）与中国丝绸博物馆馆长赵丰（右二）在云龙村考察

2016 年浙江省文化厅副厅长蔡晓春(中)、中国丝绸博物馆馆长赵丰（右一），由海宁市副市长胡燕子（左二）陪同在云龙调研蚕桑文化

2016 年嘉兴市原副市长沈雪康（前）在云龙调研

2016 年海宁市委书记朱建军（右一）在云龙调研

2016 年海宁原市委书记田永昌（右二）一行在云龙

海宁县委副书记李锦松（右一）在云龙大队调研，与大队干部一起学习（20 世纪 70 年代摄）

2016年周王庙镇党委书记李明辉（前排左二）带领党委、人大、政府领导及人大代表在云龙调研

1977年海宁县委统战部部长宋绍宗（中）在云龙调研

蚕俗文化

剥茧子（2012年，林丽仙摄）

翻丝绵（2012年，林丽仙摄）

打绵线（2012 年，林丽仙摄）

唱《马鸣王》（2012 年，林丽仙摄）

演蚕花戏（皮影戏）（2013年，张庆中摄）

祭蚕神（2013年，张伟中摄）

祭蚕神（2013年，张伟中摄）

云龙记忆馆
（2017 年摄）

云龙蚕俗文化园
（2014 年摄）

重要活动

1975 年云龙召开桑田实施喷灌全大队生产队长会议

2012年周王庙镇首届蚕俗文化旅游节开幕式（林丽仙摄）

2013年中国丝绸博物馆举办"云龙村的蚕桑记忆"展览

2015 年在云龙蚕俗文化园举办蚕俗文化体验日活动，
国际友人体验裹粽子

2014 年在云龙蚕俗文
化园举办端午节裹蚕
讯粽比赛（徐婷摄）

2016 年云龙村与中国丝绸博
物馆签订合作协议

2016 年周王庙镇第三届蚕俗文化旅游节开幕式（罗铁家摄）

其他

20世纪七八十年代在云龙拍摄大量照片并报道的方炳华（右）在云龙村蚕俗文化园作品展示室参观（2012年，杨利斌摄）

2015年8月本书主编采访原大队书记朱芝明

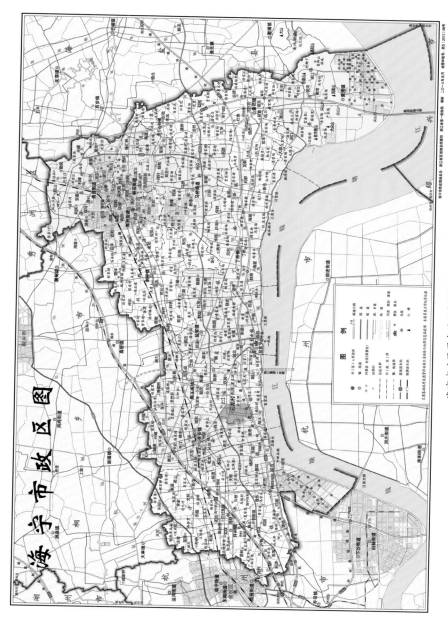

海宁市政区图

海宁市政区图中的云龙区位（2013 年）

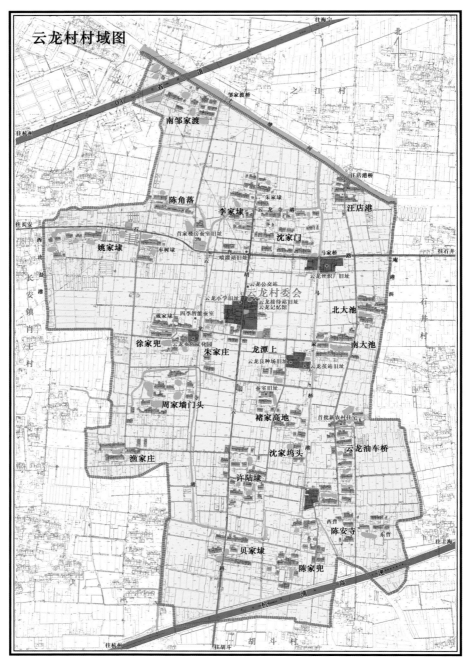

云龙村区域图（2015 年）

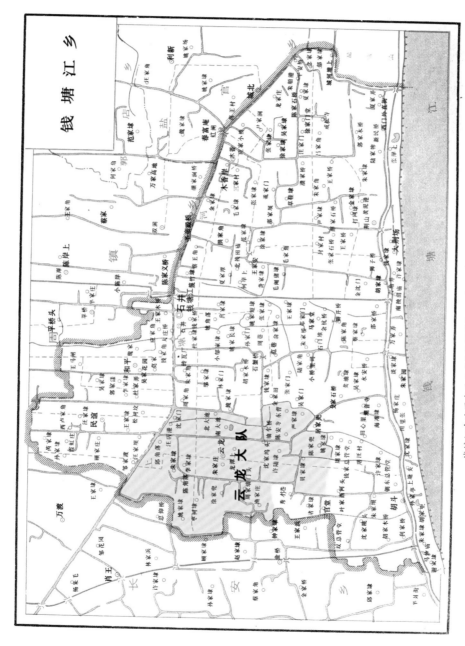

钱塘江乡地图中的云龙大队区位（1978年，据《海宁县地名志》）

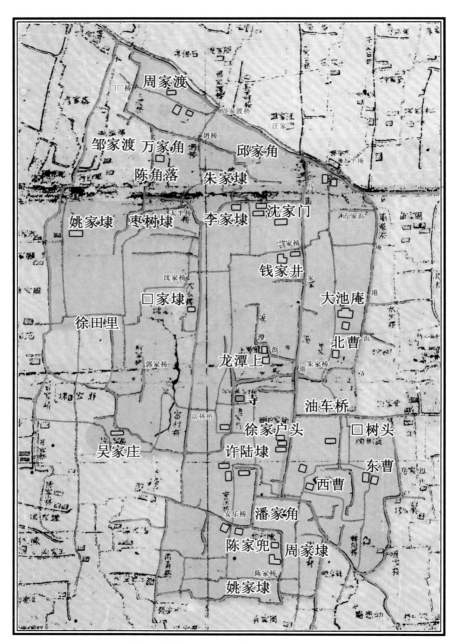

周家渡

邹家渡　万家角　　邱家角

陈角落　　朱家埭

姚家埭　枣树埭　李家埭　沈家门

钱家井

大池庵

□家埭

徐田里

北曹

龙潭上

寺　　油车桥

徐家户头　　□树头

吴家庄　　许陆埭

东曹

西曹

潘家角

陈家兜　周家埭

姚家埭

云龙地方村落布局图（1946年，海宁市档案馆藏）

序

　　大约是在 20 世纪 70 年代的中期，我的记忆里有了"云龙"两个字。那时我正在长安镇的海宁中学上高中，我班上大多是从周边农村来的同学，也有从云龙一带来的。不过，那时它的全称是"钱塘江公社云龙大队"。

　　云龙一直以蚕桑闻名，那时的云龙大队已经是全国的蚕桑生产标兵。记得我们学校有一个特别喜欢美术的同学，叫顾键，他创作了一幅有关"农忙时节"的山水画，画的就是绿桑的近景和金黄色稻田的远景，据说正是云龙的写照，让人印象特别深刻。我对云龙的记忆不仅有蚕桑，而且还有农民的夜校，我们中学也曾去夜校为农民上课，我也去蹭过一次车，因而那时就到过云龙，但并不记得是否上过课了。

　　那时也是浙江省和海宁县对云龙最为重视的时候。70 年代，云龙因蚕茧高产成为浙江有名的蚕桑科研基地，还成为浙江农业大学、浙江省农业科学研究院和浙江省土特产局的蚕桑生产基地。1982 年，我师从浙江农科院蚕桑研究所的蒋猷龙先生学习中国丝绸史，没想到蒋先生 70 年代就曾在云龙蹲点，指导养蚕技术，培育高产桑园，现在去云龙，村里还有许多老人能记得蒋先生的形象和工作。正因为有这样一批蚕桑专家的指导、政府的支持以及当地农民的辛勤劳作，云龙受到了国务院的嘉奖，成了蚕桑生产的样板，也成为当时中国对外交流的一个重要窗口，许多外国领导人和同行来到这里参观。小小一个云龙村，成了杭嘉湖地区蚕桑产业的一颗明星。

　　我再一次和云龙结缘是在 2008 年主持"中国蚕桑丝织技艺"申报 UNESCO 人类非物质文化遗产代表作名录时。当时作为传统的养蚕技术的代表就是海宁云龙，在我们的申报文本中，部分关于蚕桑和缫丝的内容就来自云龙。为了收集和发掘云龙丰富的蚕桑文化资源，我们于2013年春在中国丝绸博物馆组织了以"云龙村的蚕桑记忆"为主题的展览，收集了不少当年的老照片，特别是海宁摄影师方炳华老师的作品。但是，我觉得，仅是一次图片展还是无法记录云龙村丰富的蚕桑文化，必须有人再进行深入的调查，把云龙蚕桑的方方面面写出来，甚至做到费孝通先生调查开弦弓村蚕丝经济的那种程度。最终，我找到了我海宁的朋友张镇西出山，来主笔《云龙蚕桑志》。

镇西是海宁的才子，我为海宁有他而骄傲。他出生在海宁的农村，对乡下的各行各业如数家珍，他曾经在海宁博物馆工作，一直当到馆长，也任过海宁的文化局副局长、史志办副主任，后来又开始主管和运营历史文化街区。他个人也是诗文俱佳，还特别喜欢花时间进行调查研究。他以前送我的《失落的安澜园》就是一册很有深度的著作，是他任职盐官景区时的成果。而这次主笔《云龙蚕桑志》，正是在他任职史志办的时候。他不仅查找档案馆的资料，而且还在云龙村走访了许多当事人，甚至找到海宁当地藏家借阅他们收藏的地方文献资料。有了这些第一手的资料，我相信，这部《云龙蚕桑志》就有了坚实的资料基础，相信《云龙蚕桑志》一书的编辑会成为挖掘海宁地域文化，留住蚕桑记忆，传承和发扬蚕桑非物质文化遗产的一项有意义的事情。

感谢镇西及其编辑团队的辛勤工作，也感谢在这一过程中给予支持的海宁市档案局柴伟梁局长、周王庙镇的领导和云龙的当事人，感谢在这一过程中给予协助的中国丝绸博物馆的俞敏敏、楼航燕，感谢浙江大学出版社的同仁们进行编辑排版。此书也将成为我们发掘江南蚕桑文化的重要史料系列丛书之一。

是为序。

中国丝绸博物馆馆长　赵　丰

2016 年 12 月 31 日

凡 例

一、本志是记载海宁市周王庙镇云龙村种桑养蚕历史的专志。主要有两个时期，以 1983 年 4 月为界，一是之前以集体经济为主时期，当时建制为钱塘江公社（乡）云龙大队；一是家庭联产承包责任制以后的时期，称为云龙村。故在书中表述时，有云龙大队和云龙村两种称谓，或简称云龙。

二、本志文字内容上限追溯至云龙有记载的宋代，下限止于 2015 年 12 月。大事记下限延至 2016 年 12 月。图片下限采集至 2017 年。

三、本志主要数据统计以 1982 年为界，分为两大段。云龙的家庭联产承包责任制是从 1982 年下半年开始的，因此，集体经济时期的数据，统计截至 1982 年年底；1983 年后为联产承包责任制（俗称"单干"）后的统计数据。

四、本志采纳的统计数据中，1960—1982 年的由原大队党支部书记朱芝明提供原始记录；1983—2001 年的由原村委会主任褚进发提供原始记录；2002—2015 年的来源于《海宁市（周王庙镇）农业生产年终统计报告表》。

五、本志图片大部分于 20 世纪七八十年代拍摄，大多是由中国丝绸博物馆向方炳华先生征集的。部分图片于 2012—2017 年拍摄，均在括注中注明。

六、本志正文中表述的计量单位，统一采用标准计量单位表述。丛录中的文章，则保持原貌，以担、斤、两和丈、尺等市制单位表述。

七、行文中的"张产"指每张蚕种产茧量；"亩产"指每亩桑地产茧量。

八、本志资料来自海宁市档案馆、周王庙镇政府、云龙村村委会，公开出版的杂志和报刊刊登的文章，当事人提供的文献、笔记及对知情人调查的口碑资料。重要文献资料均以"丛录"形式著录。

目　录

概　述

　　云龙村位于浙江省海宁市西南部，南近钱塘江，村域面积 3.92 平方千米，耕地面积 280.1 公顷，地少人多。1959 年成立钱塘江人民公社云龙生产大队，至 1983 年政社分设，改称云龙村。长期以来，云龙人在有限的土地资源上精耕细作，用智慧、悟性和勤劳，尽自己的努力争取大自然的优厚回报，其中种桑养蚕是云龙最引以为豪的农业成就，特别是在 1959 年至 1982 年集体生产的 24 年间，尤为世人瞩目。

一

　　云龙大队成立后头两年，蚕桑生产处于不稳定的自然发展状态。1960 年，全大队饲养 1616 张蚕种，平均张产 12.25 千克，亩产 28.9 千克，生产效率很低。1961 年，由于受自然灾害影响，全年仅饲养 1074 张蚕种，平均张产只有 9 千克，亩产 14.6 千克，成为大队历史上蚕茧产量最低的一年。然而，云龙人认定蚕桑生产对促进集体经济发展和提高家庭收入的重要性，决心改变现状。从 1962 年开始，大队建立专桑园，退出桑园间作，开展桑园培育。同时引进桑树良种，实施"三增四改"（增株、增拳、增条；改三类桑为一类桑、改稀植为密植、改靠天桑为旱涝保收桑、改劣种低产桑为良种高产桑），把种植优良品种桑树和精心培育相结合，桑叶产量成倍增长，为饲养更多的蚕种提供了保障。在饲养方面，改变以往一年只养春、秋二期蚕的传统习惯，调整为一年饲养春、夏、中秋、晚秋三期四批布局，充分利用桑叶资源，提高蚕茧产量，当年饲养蚕种 1177.5 张，亩产 30.4 千克，张产 17.1 千克，总产 20.15 吨，比上年增长 108.2%，云龙大队的蚕桑生产首次出现重大转折。

1964 年开始，云龙蚕桑生产步入持续科学发展的轨道，大队在专业单位指导下进行蚕桑科学试验，蚕茧产量逐年提高。是年养蚕 1278 张，亩桑产茧 50.9 千克，张产 26.4 千克，总产 33.74 吨，比上年增长 41.1%。1965 年，进一步调整养蚕布局，增加一期早秋蚕，固定为一年三期五批，再次提升桑树利用率。到 1968 年，全大队平均蚕茧张产超过 30 千克，亩桑产茧超过 100 千克，分别达到 32.55 千克和 108.4 千克。是年起，云龙大队成立科学养蚕试验小组，培养蚕桑科研人才，开展桑园培育和养蚕科学试验，分析数据，积累经验，注重实践。到 1972 年，大队全年养蚕 2609 张，比 1960 年增长 61.4%，平均张产 37.8 千克，创张产最高记录；亩桑产茧超过 150 千克，达到 153.45 千克。接下来的 10 年，蚕饲养量年年增加，蚕茧产量年年增长。1981 年，全大队饲养蚕种 3238 张，亩桑产茧 185 千克，蚕茧总收入 445264.86 元，创历史新高。

云龙的蚕桑生产是全大队农业生产全面发展的一个侧影，作为最基层的集体核算单位，除了蚕桑以外，农业生产还包括粮食、络麻、油菜种植以及畜牧、渔业养殖等多种经营。在粮食生产方面，包含春粮、早稻和晚稻三季。1960 年，全大队粮食平均亩产 348.54 千克，此后逐年增长，1961 年亩产突破千斤，1969 年超过 750 千克，1978 年突破 1000 千克，1979 年是云龙大队粮食产量最高的一年，亩产达到 1208.02 千克。畜牧主要是以猪羊养殖为主，1961 年，猪羊存栏数 2273 头，1964 年翻一番，达到 5160 头。随着粮食产量的逐年提高，1972 年，云龙猪羊存栏数超过 6000 头，达到 6778 头。1979 年，是云龙大队猪羊饲养量最多的一年，达到 7598 头。粮多猪多，猪多肥多，有机肥料的增多，为桑园培育提供了充足的肥源。在经济作物方面，以络麻为龙头，产量年年提高，络麻亩产从 1960 年的

212.5 千克，一路增长，1982 年达到 347 千克。络麻副产品麻杆既为生活消耗品，又大量运用于麻杆帘的编制，是蚕桑生产必需品。农牧业与蚕桑生产进入全面发展的良性循环之中。

云龙的蚕桑发展在农业经济为主的时期，对壮大集体经济，增加社员收入，起到了十分重要的作用。1961 年，云龙大队集体经济总收入 50.2 万元，其中蚕桑收入仅占 4.1％，远远低于粮食和络麻。到 1964 年，蚕桑收入占总收入的 13.1％，1968 年突破 20％，达到 25％。此后基本每年都占总收入的 25％以上，成为全大队最主要的收入来源。由此，集体积累不断增长，社员收入得到提高。在经济分配方面，1960 年，全大队用于社员分配的资金达 31.5 万元，到 1970 年翻一番，增加到 62.9 万元。1979 年以后，每年社员分配超过 75 万元，1982 年达到 95.8 万元。

在公有制集体经济时代的 20 多年间，云龙涌现出一批带领发展的核心人物，特别是历届大队领导班子成员，在"以粮为纲"的特定历史条件下，妥善处理好粮食生产和蚕桑发展的关系，以"吃饭靠种田，用钱靠养蚕"的实践经验，脚踏实地，走出了一条既壮大集体经济，又改善社员生产、生活条件的新农村发展之路。1959 年至 1961 年的三年困难时期，云龙本着多产粮食的意愿，一度在专桑地套种粮食作物，影响了桑树生长和桑叶产量。后来大队领导班子经过仔细权衡，决定为打下桑园发展基础，退出

20 世纪 70 年代初云龙大队领导班子成员在开会

3

桑地间作。1968年，在大队党支部书记李锦松带领下，制定以平整土地、改造桑园为重点的农田基本建设五年规划，发动全大队社员平整土地，改变云龙"南高墩、北高墩，高低相差两个人"的地势面貌，建立起沿塘河及支流河道两岸6.5千米长、成片成带的640亩新桑园，成为云龙发展蚕桑的又一新提升。从桑园改造完成后的1973年开始，大部分年份亩产茧数量从改造前的100多千克，上升到150千克以上，1981年达到185千克。云龙大队始终走在蚕桑生产前列，在"文化大革命"期间依然不放松抓农业生产，取得可喜成果。

云龙一边夯实基础，一边充分依靠外部力量谋求发展，其业绩得到海宁县委、县政府高度肯定和重视，把云龙作为农业生产先进典型向外推广、宣传，引起全国乃至国际上的关注，五湖四海前往云龙参观考察的团队络绎不绝。县委在云龙建起接待站作为派出机构，各相关部门从精神到物质给予有力支持。云龙的积极实践同样引起了浙江省人民政府及相关部门、单位的关注，并给予了有力帮助。浙江省人民政府外事办把云龙作为外宾接待定点单位；省农科院蚕桑研究所和浙江农业大学等高校和科研机构，长期在云龙蹲点，把云龙作为实习、实验基地，开展蚕桑发展科学研究工作，成为云龙科学养蚕的指导者和发展依托。云龙大队抓住机遇，遵循自然规律，积极探索蚕桑农业科学发展之路。在娴熟的传统养蚕技艺下，转变传统观念，依靠科学，改革创新，把科研和实验成果迅速转化到种桑养蚕实践中，形成科学发展的良好氛围。

云龙大队创造的集体经济发展的突出成就，在全县乃至全国享有较大声誉，具有一定的国际影响。1960年4月23日，云龙大队民兵连连长范培荣出席全国民兵代表大会，集体受到毛泽东、朱德等党和国家领导人的接见；1973年，云龙大队被国务院列为全国"农业学大寨"先进典型；1978年，云龙大队荣获全国科学技术先进集体称号；1979年，荣获国务院"在社会主义建设中成绩优异"嘉奖令；是年，云龙大队妇女主任陆小凤被评为全国"三八红旗手"。至1983年，全国除西藏以外的所有省、市、自治区，都曾派人前来云龙参观取经，有30多个国家的代表团或个人到云龙考察，云龙大队的蚕桑生产经验成为国家和世界的共同财富。

二

1982年下半年，云龙大队开始实行以家庭为单位的联产承包责任制，进入新的农村经济发展模式阶段。1983年，云龙大队改称云龙村。蚕桑生产在前20多年的扎实基础上和新的经济模式推动下，经过三年左右的转型磨合期，又一次出现较大的进步。云龙村在遵循传统规律的前提下，在蚕种发种渠道、饲养方式和方法等方面，出现许多更灵活的自我调节、机制完善。1985年，全村饲养蚕种超过4000张，总产达到169.55吨，比1982年增长53.5%。此后持续递增，至1992年全年饲养蚕种8924.5张，总产284吨，产量超过1982年的1.5倍，达到新的高峰。

云龙村在1985年村办工业已经开始发展，至1990年，村工业经济年产值突破3000万元。20世纪90年代，是农村经济结构出现较大变化的年代，随着大环境的改变，农村工业企业发展迅速。1995年，村办企业规模达到12家，民营个私经济也日益壮大，这一年云龙村被嘉兴市人民政府评为百强村。新的工业发展对传统农业生产带来较大的冲击，主要劳动力向制造业转移，农业劳动力数量日益减少，劳动力成本不断提高，种桑养蚕受到一定程度的影响，甚至出现向云南、贵州等西南地区转移的现象。1996年，云龙村蚕桑生产开始下滑，虽然在2002年前后因土地整理增加专桑面积，产量有所回升，但总体呈下降趋势。至2009年，年饲养蚕种降至4000张以下。2014年，全年饲养蚕种仅1906.5张，总产87.84吨，相当于20世纪70年代初期的水平。2015年，全年饲养蚕种仅1512.75张，总产75.01吨。

进入21世纪以后，虽然云龙村的蚕桑生产逐步失去了往日的辉煌，但随着农村经济多样化的发展，村综合实力和农户生活水平不断提高。自2005年以后，村里加大对农村基础设施的改造提升。通过开展农村土地整理、"三改一拆"（开展旧住宅区、旧厂区、城中村改造和拆除违法建筑）、"五水共治"（治污水、防洪水、排涝水、保供水、抓节水）、星级美丽乡村创建等活动，实施整治村和生态家园工程，建成标准农田 3750 亩；建设完成通组道路浇筑 9.4 千米，达户道路浇筑 18 千米，总计道路硬化 33.9 千米，到达全村 100% 农户；改造危桥 12 座；生态家园覆盖率达到 81%；拆除违章建筑面积 4.6 万平方米。2015 年，全村农村经济总收入 1.07 亿元，村级经济收入 198.52 万元，人均纯收入 28343 元。2016 年，云龙获得海宁市一星级美丽乡村称号。

特别值得关注的是，在新的经济发展形势下，云龙村对 50 多年积累起来的种桑养蚕的民风习俗始终有着深深的情感。蚕桑生产虽然没有以前兴旺，蚕桑文化却通过新的形式正在重拾记忆、传承弘扬。2009 年，云龙村发起举办每两年一届的"蚕俗文化节"，展演缲土丝、拉绵兜、织土布、翻丝绵被等传统蚕桑丝织生产技艺；体验吃蚕饭、裹"蚕讯粽"、蚕神祭祀、演蚕花戏等蚕桑民俗活动。同年，云龙被列入嘉兴市非物质文化遗产生态保护区（云龙蚕桑）。村民徐国强出资在徐家兜建设云龙蚕俗文化园，至 2012 年建成开放，成为云龙村蚕桑文化传承新的亮点。云龙村"蚕俗文化节"也上升为周王庙镇"蚕俗文化旅游节"。2013 年，云龙村蚕桑文化引起中国丝绸博物馆关注，丝博馆专门在馆中举办"云龙村的蚕桑记忆"展览，助力云龙蚕桑记忆走出云龙，再一次吸引世人目光。同年，云龙村获得浙江省级蚕桑社会化服务示范基地称号，并得到省级资金扶持，对蚕俗文化园进行扩建。2014 年，云龙村获得浙江省历史文化村落（民俗风情村落）称号。

云龙村的蚕桑生产发展之路，不但是一个农村最基本的村级组织的历史成就，更是中国江南农村蚕桑生产的一个缩影。数千年来，中国蚕桑文化绵延不绝，种桑养蚕的文化基因自然地流淌在人们的血液里，无法离析。云龙村的蚕桑生产，从历史上的自然发展，到中华人民共和国成立后的科学推进、增长，特别是在有村级组织后的 50 多年里，基本都处于发展期。在这一过程中，经历了风风雨雨。前 24 年是集体经济时期，经过了合作化、

"大跃进"、人民公社、"文化大革命"等各个不同时期，蚕桑生产稳步上升，声名远播，改革开放以后，更趋平稳发展，后劲不减。后33年经济结构发生大的转变，社会由计划经济向市场经济转变，社队企业发展迅猛，农业文明受到前所未有的挑战，但云龙的蚕桑生产依然保持旺盛的势头。近10余年来，蚕桑生产在城市发展、经济转型升级的大气候影响下，逐渐转移，慢慢式微，然而数十年来云龙村积淀的蚕桑文化，却成为农村社会发展的新的亮点。云龙村已深深认识到蚕桑文化遗产承载地的历史价值，正朝着中国蚕桑文化村的目标迈出新的步伐。

2017年4月云龙村党委班子人员合影

大事记

南　宋

地属元西乡三都范围。

■绍兴年间（1131–1162）

今云龙地方始建陈安寺，初名上乘院。

■乾道二年（1166）

上乘院改名金佛寺。

■庆元二年（1196）

建有云龙寺。

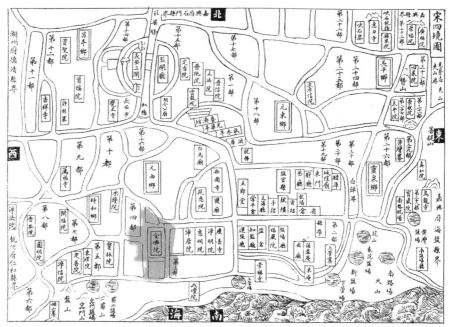

宋代《海宁四境图》中的云龙地方（据《海宁市州志稿》）

元　代

■元末

　　云龙寺、金佛寺为兵火所毁。

明　代

■洪武二十四年（1391）

　　重建金佛寺，立为丛林。

清　代

■顺治年间（1644—1661）

　　僧天奇重建云龙寺。

■雍正年间（1723—1735）

　　地为三都二庄、八庄以及二都六庄。自然村有邹家渡、汪店港、曹家埭、戴家埭、油车桥，寺庙有陈安寺、云龙寺、白衣庵、水月庵、弥陀庵。

　　据《海宁州志稿》载："土质松咸，广种瓜果、菜芥并桑、棉。""栽桑者多。""靠塘者沥卤刮淋，深村者耕耘织纺。"

中华民国

■民国 21 年（1932）

　　设有汪店乡。

■民国 23 年（1934）

　　9 月，实行保甲制。

　　是年，海宁被列入浙江省蚕业改良区。

■民国 35 年（1946）

　　地属城北乡、袁牧乡、长安镇范围。

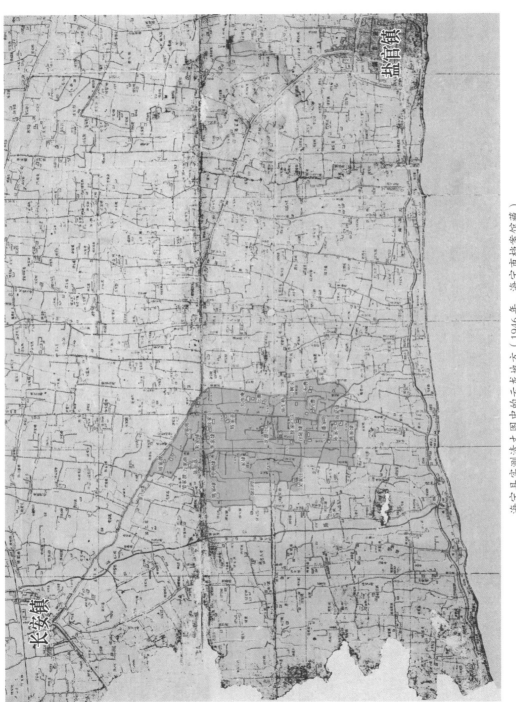

海宁县实测清丈图中的云龙地方（1946 年，海宁市档案馆藏）

■民国 36 年（1947）

海宁被列入浙江省第五蚕业推广区（管辖海宁、崇德两县，办事处设于海宁）。

■民国 37 年（1948）

地为长安镇一保和二保。

是年，海宁为浙江省第三蚕业指导所辖区。

中华人民共和国

■1950 年

5 月，建政划为民主乡第一、第二村和牧港乡一心村。

■1955 年

11 月，一心村成立建一高级农业生产合作社。

是年，第三生产队贷款种植桑树。

■1956 年

2 月，民主乡第一、第二村合建民一高级社，同时，民一、建一两社划归石井大乡。

是年，建一合作社筹资 200 元，在陈安寺内修建灰幔顶，作为养蚕室。

■1957 年

开始通电，建办"27"电力灌溉机站 1 座，利用电力灌溉。

■1958 年

10 月，石井大乡并入钱塘江人民公社。

是年，开始大力发展蚕桑，建设集体蚕室。年茧产量约 15 吨。

■1959 年

4 月，建立云龙大队。

是年，全大队粮食总产量 1330 吨，蚕茧总产量 20.2 吨，经济收入 44 万元。

是年，由钱塘江、长安等公社合办的钱塘江蚕种场投入生产。

■1960 年

4 月 23 日，大队民兵连连长范培荣出席全国民兵代表大会，集体受到毛泽东、朱德等党和国家领导人的接见。

全年饲养蚕种 1616 张，蚕茧总产量 19.83 吨，平均张产 12.25 千克，亩桑产茧 28.9 千克。

■1961 年

5 月，李锦松任云龙大队党支部书记。

是年，全大队 16 个生产队调整为 31 个，共有 507 户。

是年，大队采取定额管理评工记分制度，定额计酬，实行工票制，评工记分田头清。罱河泥的工效提高 50% 以上。

■1962 年

冬，大队投资约 3 万元，建成小蚕共育室 40 间。

是年开始，桑园退出间作，建立巩固专桑，恢复树势，桑叶增产。

■1963 年

5 月，大队党支部书记李锦松到第十六生产队搞试点，指导蚕桑生产，各生产队共育室干部、饲养员前往学习、交流。

9 月 13 日，大队长、支部委员沈福金在抗击台风、抢救国家和集体财产时遇难，大队党支部副书记陈东海受重伤。10 月 7 日，中共海宁县委追认沈福金为"模范共产党员"。

是年始，对桑园实施"三增"改造。

■1964 年

2 月 27 日，《浙江日报》第 2 版刊登报道《云龙电灌站开展综合经营》。云龙大队事迹首次出现在省级报刊上。

4 月，浙江省农业厅特产局蚕桑样板工作组、省农科院蚕研所工作组和海宁县农业局合作在云龙大队蹲点。

是年秋，创办云龙缫丝厂。

全年饲养蚕种 1278 张，蚕茧总产量 33.74 吨，平均张产 26.4 千克，亩桑产茧 50.9 千克。实现亩产千斤桑、百斤茧。

■1965 年

是年开始，大队实行全年三期（春、夏、秋）五批（春蚕、夏蚕、早秋蚕、中秋蚕、晚秋蚕）蚕饲养布局。

是年，浙江省农业厅在全省推广云龙大队秋蚕高产经验，改革养蚕布局。

■1966 年

3 月，《蚕业科学》第 1 期发表蒋猷龙、刘乌楠的《1965 年云龙大队蚕桑大面积大幅度增长的技术经验》。

4 月，《浙江农业科学》第 4 期发表刘乌楠、惠永祥、秦潚的《云龙大队 1965 年 640 亩桑园亩产千斤春叶的技术分析》。

5 月，云龙缫丝厂扩建为云龙丝织厂。

是年开始，大队实行桑园"四改"。

■1967 年

冬，云龙长港干河，一月余积肥（河泥）5000 多吨。

■1968 年

是年，实行区划调整，23 个生产队合并调整为 5 个，共 585 户、3086 人；土地 3844 亩，专桑 645 亩。

是年，大队制定农田基本建设五年规划，实施农田基本建设，改造靠天田。

■1969 年

是年，全大队蚕茧总产量 69.74 吨，总收入 19.61 万元。粮桑总产量和经济收入是大队在此之前历史上最高的一年。

是年止，大队建造集体瓦房 400 多间。

■1970 年

冬，农田基本建设进入第二阶段。

是年，海宁在全县范围内推广云龙大队"三增四改"和"三担肥一担叶"经验。

是年，建一生产队尝试实行联产计酬生产责任制，划分五个操作班，包工到班、联产计酬。至 1972 年，粮食总产从 150 多吨增加到 250 多吨，蚕茧交售从 13.5 吨增加到 19 吨。

■1971 年

冬，历时 4 个冬春的农田基本建设完成。全大队 3200 亩分散地块，改造成 16 只大田垟。

是年，大队原 5 个生产队，调整为 15 个。

■1972 年

12 月 18—25 日，海宁县农业局在云龙大队召开全县蚕桑工作会议。

是年，建造云龙外宾参观接待站。

是年，海宁县委把云龙大队列为全县学大寨先进典型之一，号召向云龙大队党支部学习，并在全县推广云龙经验，大搞桑园基本建设。钱塘江公社党委提出"学大寨，赶云龙"口号。

■1973 年

8 月 5 日，《人民日报》刊登长篇通讯，重点介绍了云龙大队蚕桑生产情况。24 日、25 日、26 日，《浙江日报》用两版的幅面连续三天刊登调查文章，长篇介绍云龙大队农业学大寨先进事迹。

10 月，云龙大队被定为浙江省人民政府外事办外宾参观访问定点单位；修建胡家兜至云龙的沪杭公路支道。

11 月，李锦松任钱塘江公社党委副书记，兼云龙大队党支部书记。

■1974 年

6 月 5 日，日本日中农业农民交流协会养蚕代表访中团抵云龙大队考察。大队首次接待外国访问团。

是年，大队制定新一轮农田基本建设三年规划。同时，开始新农村（住宅）建设试点。

■1975 年

2 月，云龙丝厂转为公社丝厂，成为钱塘江丝厂云龙车间。

全年蚕茧总产量 111.37 吨，比上年下降 1.3%。

■1976 年

10 月，建设桑园喷灌系统。

12 月，党支部书记李锦松赴京参加全国第二次"农业学大寨"会议。

全年蚕茧总产量 111.92 吨，桑地亩产茧子 175 千克，是全县唯一亩产茧超过 300 斤的大队。

■1977 年

2 月，李锦松升任海宁县委副书记，分管农业工作。

9 月，《蚕桑通报》第 3 期发表云龙大队建一生产队撰写的《亩产茧四百斤的回顾和展望》。

是年开始，大队普及初中教育，学生免费入学；合作医疗费的 50% 由集体公益金支付。

是年，大队实行"四定一奖"制（定蚕种、定产量、定工分、定成本到组，超产得奖）。

是年，大队荣获 1977 年度"浙江省级先进单位"称号。

全年蚕茧总产量 114.76 吨，亩桑产茧 179.3 千克，开创亩桑二化性白茧的全国最高纪录。

■1978 年

3 月 7 日，海宁县科技局在云龙召开云龙大队蚕桑机电化设计和协作座谈会，制定《云龙大队蚕桑机电化科研规划》。

4 月，大队长朱芝明出席全国科学大会。云龙大队被评为"全国科学技术工作先进集体"，被国务院授予由国务院总理签发的奖状。

6 月 16 日，香港《大公报》刊登 8 幅照片和文字介绍云龙大队蚕桑生产情况。

7 月 11 日《光明日报》、22 日《人民日报》，分别刊登云龙大队桑园喷灌图片。

9 月，《蚕桑通报》第 3 期发表《云龙大队蚕桑机电化设计和协作座谈会》。

10月，朱芝明出席在山西太原召开的全国农学会年会。

■1979年

3月，浙江省蚕桑学会在云龙大队实地考察座谈，进行蚕桑技术会诊。

5月12日，联合国13个国家蚕桑考察团一行20人，抵云龙大队考察。

11月，朱芝明出席在成都召开的全国蚕学会年会，当选为理事。

12月2日，《浙江日报》第一版刊登《云龙大队蚕茧又创高产新纪录，亩桑产茧三百六十斤，总产增长二成多》长篇报道。

12月28日，国务院授予云龙大队"在社会主义建设中成绩优异"嘉奖令，大队党支部书记陈东海赴北京参加授奖仪式。

同日，《浙江日报》第二版刊登长篇通讯《云龙在飞腾——记蚕茧高产单位海宁县云龙大队》和图片报道。

是年，大队妇女主任陆小凤被授予"全国'三八红旗手'"称号。

是年，大队新农村住宅建设全面铺开。

全年蚕茧总产量118.37吨，亩桑产茧180千克，居全国第一。

■1980年

5月，建办云龙针织厂、云龙绣花厂。

是年开始，云龙大队逐步减少络麻面积400亩，全部扩大为桑园面积。

是年，云龙大队完成县科技局下达的科研项目"家蚕新品种选育与高产饲养技术研究"（1974—1980）、"蚕桑机电化研究"（1978—1980）。

全年蚕茧总产量113.35吨，亩桑产茧177千克，为全省亩桑产茧量最高的大队。其中第十二队21.07亩桑园，亩均产茧233.5千克，是全省亩桑产茧量最高的生产队；总产茧量20.02吨，为全省产茧量最高的生产队。

■1981年

2月4日，《浙江日报》刊登通讯《做好思想工作，解决实际困难，云龙大队坚持专业桑园不间作》，并加编者按。

5月28日，《浙江日报》刊登长篇文章《敢于唯实，善当行家——记海宁县云龙大队建一生产队队长朱芝明》。

11月3—5日，浙江省蚕桑学会与嘉兴地区蚕桑学会在云龙大队联合召开桑园高产稳产学术讨论会。

是年，大队开办缝纫组、理发室、小吃店、农工商综合商店和8.75毫米电影队，并与钱塘江公社建筑工程队联办第二砖瓦厂。

是年，对桑园喷灌系统进行全面改造。

■1982 年

5月，钱塘江公社号召全社向云龙大队党支部学习。

是年，云龙大队荣获浙江省人民政府先进集体表彰。

是年底，全村实行家庭联产承包责任制，蚕桑集体生产结束。

■1983 年

3月，云龙车间从公社丝厂中划出，与原云龙针织厂合并，改名为海宁县云龙丝织厂。

4月，政社分设，云龙大队改称云龙村，设村民委员会，隶属钱塘江乡。

7月8日，中非共和国国家复兴军事委员会主席、国家元首安德烈·科林巴一行，由商业部部长刘毅、浙江省副省长沈祖伦等陪同，参观云龙村。

是年，云龙村党支部被海宁县委评为海宁县先进党支部。

■1984 年

4月，钱塘江乡改称钱塘江镇，云龙村隶属钱塘江镇。

12月，陈安寺自然村建造喷灌和自来水相结合的两用设施竣工。

是年，全村新农村住宅建设形成高峰。

是年，云龙村分别被浙江省、嘉兴市、海宁县命名为文明村，被浙江省爱国卫生运动委员会授予"文明卫生村"称号；村支部被海宁县委评为先进党支部。

■1985 年

9月，云龙村支部改建为云龙村总支，下设 7 个分支部。

12月，云龙村自办自来水厂，四个村民小组通上自来水。新农村住宅建设全部完成。

是年，增加桑园面积400亩，全大队共有专业桑园1040亩。

是年，举办蚕桑学习班。

是年，村办工业迅速发展，有总场、总厂及其他14个单位。利用村仓库改建成立绸厂。

是年，云龙村总支部书记朱芝明被浙江省人民政府授予"浙江省劳动模范"称号。

是年开始，小蚕共育基本取消，共育室大部分拆除，由农户自行饲养。全年饲养蚕种4346.75张。

是年，海宁电视台拍摄专访纪录片《金龙降落的地方——云龙村两个文明建设纪实》。

■1986年

10月，建立中共云龙村总支部第八分支部。

12月28日，在云龙村召开浙江省桑园喷灌试验成果鉴定会。

是年，云龙丝织厂在马家桥西新建厂区。

■1987年

6月14日，《浙江日报》刊登报道《钱塘江镇推广科学养蚕经验》，介绍云龙大队先进经验。

■1988年

全年饲养蚕种突破5000张，蚕茧产量180.8吨。

■1990年

9月，云龙村总支换届，书记朱云生，副书记褚进发，委员沈伟仁、张纪兴、陈云龙、钱兴林、张叙仙。

10月，喷灌系统停用。

是年，开办自来水厂，建造水塔。

是年，村工业年产值突破3000万元。

是年开始，云龙村大部分蚕种来自德清。

全年饲养蚕种达 7285 张，总产量突破 200 吨。

■1991 年

8 月，顾希佳著《东南蚕桑文化》由中国民间文艺出版社出版，收录云龙村采访资料若干。

冬，疏浚马家桥港，改造渠道 39.8 千米，改造机泵 3 只，造桥 1 座。

是年，全年饲养蚕种达到 8550.5 张，总产量 234.2 吨。

■1992 年

是年，全村全部开通自来水。

■1993 年

5 月，云龙村与武汉市硚口区四海贸易经理部合办海宁申龙工艺美术联营厂。

■1994 年

全年饲养蚕种 8369 张，蚕茧总产量 291.25 吨，其中春茧 107.5 吨、夏茧 18.26 吨、早秋茧 33.87 吨、中秋茧 95.46 吨、晚秋茧 36.16 吨。

■1995 年

4 月，整合村办企业，成立云龙村超龙集团公司。是年，有丝厂、绸厂、皮件厂、五金厂等规模较大的村办企业 12 家。云龙丝织厂在马家桥东扩建新厂区。

是年，云龙村被嘉兴市人民政府评为百强村。

是年，党总支书记朱云生被授予"嘉兴市劳动模范""海宁市劳动模范"称号。

是年底，云龙接待站撤销，房屋无偿划拨给村使用。云龙茧站停止收购蚕茧。

■1996 年

1 月 18 日，中共钱塘江镇云龙村委员会（村级党委）成立。

全年饲养蚕种下降到 5377.5 张，产量下降 27.3%。

■1997 年

是年起，取消早秋蚕饲养，养蚕布局调整为一年三期四批。

是年，云龙村第三年被嘉兴市人民政府评为百强村。

■1998 年

7 月，云龙村超龙集团公司关停。云龙丝织厂改制为海宁市云龙丝业有限责任公司。

■1999 年

1 月 15 日，云龙自来水站由钱塘江镇自来水厂接管。

是年，全村农民家庭出售农产品收入 1760.2 万元，在钱塘江镇居首。

■2000 年

秋，缫丝企业对中秋茧实行返利。

是年，全村土地 3790 亩，其中专桑面积 1040 亩。全年饲养蚕种有所回升，为 5573 张，产量 224.29 吨，比上年增加 35.99%。

■2001 年

10 月，钱塘江镇与周王庙镇撤并为周王庙镇。云龙村隶属周王庙镇。

■2002 年

是年，全村进行新一轮土地整理，以机械设备平整土地。

是年开始，埋绿肥、垦冬地、翻深潭等传统桑园施肥方式逐渐取消，化肥施用量增加。

■2003 年

是年，全村专桑面积减至 940 亩。

是年，开始改建村内危桥。至 2006 年年末，完成改造危桥 12 座。

■2004 年

是年，建成标准农田 1130 亩。

是年开始，桑树品种主要采用农桑 8 号、14 号、12 号，少量为强桑 711。

■2005 年

是年，建成标准农田 3750 亩。全村耕地面积 3144 亩，专桑面积增加到 1320 亩。饲养蚕种增加至 5627.75 张，年总产茧 264.7 吨。

是年，完成全村道路总体规划，并启动实施建设。

是年末，上规模的丝织企业有海宁市福尔特丝织厂、云龙丝业有限责任公司 2 家。

■2006 年

是年，蚕茧产量回落，全年饲养蚕种 4950 张，产量 183.24 吨，比上年下降 30.8%。

■2007 年

是年，民云路、胡云路、石云路改造竣工。

是年，实施整治村和生态家园工程。至 2011 年，完成整治村和生态家园工程建设，硬化道路 33.9 千米，通组达户到达率 100%，生态家园覆盖率达到 81%。

■2008 年

6 月 8 日，村党委组织全村党员赴江苏省江阴市华西村取经。

8 月，祝浩新等撰写《云龙村蚕桑生产民俗考察报告》，被收入《守卫与弘扬：第二届江南民间文化保护与发展（嘉兴海盐）论坛论文集》（王恬主编，北京大众文艺出版社出版，2008 年 8 月）。

是年，全村专桑面积达 1792 亩。

■2009 年

5 月，云龙村首次举办"蚕俗文化节"，定为两年一届。

6 月 22 日，云龙村蚕桑生产习俗入选第三批浙江省非物质文化遗产名录。

10 月，云龙村被列入嘉兴市非物质文化遗产生态保护区（云龙蚕桑）。

是年，村民徐国强出资在徐家兜建设云龙蚕俗文化园。2012 年 5 月 12 日建成开放。

是年，云龙丝业有限责任公司关闭。

■2010年

全年饲养蚕种4430张，总产191.5吨。

■2011年

5月17日，云龙村举办第二届"蚕俗文化节"，市非物质文化遗产保护中心组织市非遗专家组成员参加活动。

是年开始，蚕茧生产逐步下滑。当年饲养蚕种3750张，总产量163.5吨。

■2012年

2月，云龙村民、海宁市非物质文化遗产代表性传承人贝利凤作为代表，由中国丝绸博物馆组织，赴北京参加中国非物质文化遗产生产性保护成果大展。

5月12日，在云龙蚕俗文化园内举办"钱塘风·桑梓情"周王庙镇首届蚕俗文化旅游节。

7月11日，浙江省委常委、宣传部长茅临生由海宁市委书记林毅陪同在云龙村调研云龙蚕俗文化。

11月3日，澳大利亚西澳州玛格丽特河郡郡长雷·科尔耶率代表团一行参观云龙蚕俗文化园。

是年，实施道路亮化工程，村道石肖路、胡云路全程安装路灯。

■2013年

4月3日，由中国蚕桑丝织文化遗产生态园（筹）主办，中国丝绸博物馆、海宁市史志办公室、海宁市文化广电新闻出版局、周王庙镇云龙村村委会共同承办的"云龙村的蚕桑记忆"展览在中国丝绸博物馆开幕。11日，《中国文化报》刊登报道《云龙村的蚕桑记忆》。

8月，蚕俗文化园获省级项目扩建资金补助，由村进行扩建。刘文、凌冬梅著《嘉兴蚕桑史》由浙江工商大学出版社出版，其中有专门以云龙村为素材的一节"蚕桑生产——以云龙村为例"。

10月26日，村部（原云龙接待站）受到隔壁厂房火灾影响被毁。村委征询村老干部和群众意见后，予以拆除重建。

11月29日，海宁市史志办张镇西在中国丝绸博物馆作题为"蚕桑新村话云龙"的讲座。

是年，云龙村获得"浙江省级蚕桑社会化服务示范基地"称号。

■2014年

3月，启动清理村内黑臭河、垃圾河，并对池塘分期安排疏浚。

春，海宁市农经局蚕桑技术服务站在云龙村实施优质茧收购试点。

5月17日，周王庙镇第二届蚕俗文化旅游节在云龙蚕俗文化园开幕。

5月27日，海宁市十四届人大常委会第二十次会议作出《关于突出种桑保护 重点有效传承蚕桑文化的决议》。

10月，云龙村获得"浙江省历史文化村落"（民俗风情村落）称号。

同月，《海宁市区域性蚕桑保护规划（2014—2020）》通过评审，《规划》确定沿百里钱塘的盐官镇、周王庙镇形成38平方千米保护区域，设置"二区二核"，按照"在桑上破题，在蚕上突围"的基本思路，将蚕桑文化保护融入百里钱塘，打造一个集蚕桑生产示范、蚕桑文化体验、蚕桑民俗展示、蚕桑非遗传承于一体的蚕桑生态文化休闲展示区。

至12月底，完成池塘疏浚、农民公园建设、道路亮化绿化等基础设施建设；村部办公楼、便民服务及文化活动中心建设竣工使用。

是年，云龙村开展"三改一拆"，拆除违章建筑3.8万平方米。

■2015年

2月，被评为"浙江省森林村庄"。

同月，戴建忠、陈伟国、董瑞华、张芬、杨一平著《海宁市优质茧收购的实践与体会》刊登在《蚕桑通报》2015年第46卷第一期，专门介绍云龙村优质茧收购试点情况。

5月21日，在云龙蚕俗文化园举办蚕俗文化体验日活动。

是年，云龙合作社入股15%，参与周王庙镇石井农贸市场建设项目。

是年，建成720亩连片耕地示范区。

是年，完成云龙村文化礼堂创建，文化阵地达到四星级。

是年，村歌《云龙谣》参加浙江省第二届村歌大赛，获创作和表演两个兰花银奖。

是年底，云龙村辖16个村民小组、19个自然村和1个自然镇，总户数926户，共3549人。村域面积3.92平方千米，耕地面积280.1公顷，其中专桑面积114.67公顷。全村农业生产主要以水稻、养蚕、葡萄种植为主，全年饲养蚕种1512.75张。全村农村经济总收入1.07亿元，其中村级集体经济收入198.52万元，农民家庭经营收入6932.76万元，人均纯收入2.83万元。

■2016年

2月22日，贝利凤、王妙凤入选第三批嘉兴市非物质文化遗产代表性项目（云龙蚕桑生产习俗）代表性传承人名录。

同月，云龙村获海宁市一星级美丽乡村称号。

3月1日，云龙村与中国丝绸博物馆签订建立中国蚕桑生态资源库和中国蚕桑丝织技艺传习中心协议。

3月29日，浙江省政协副主席孙文友在云龙村调研。

同月，云龙村在海宁市文化创意产业办公室指导协助下编制完成《云龙村中国蚕桑文化村概念性规划》。

5月14日，在云龙村蚕俗文化园举办"周王庙镇第三届蚕俗文化旅游节开幕式暨美丽乡村体验采风"活动。中国丝绸博物馆带领浙江大学、浙江理工大学、浙江工商大学、中国计量大学、浙江财经大学等高校的青年志愿者在云龙采风。

5月19日，海宁市委书记朱建军在云龙村专题调研。

6月29日，浙江省文化厅副厅长蔡晓春、中国丝绸博物馆馆长赵丰在云龙村考察，研究蚕桑文化传承与保护工作。

12月，占地面积260平方米、总投资85万元的四季智能蚕室在云龙村蚕俗文化园北侧建成。

是年，云龙村被列入海宁市美丽乡村升级版改造，按《蚕桑文化村规划》要求实施环境整治提升工程，建设云龙蚕俗记忆馆，总投资近1000万元。

第一章

地理　建置　经济

第一节　地　理

交通区位

云龙村位于海宁市周王庙镇西南 6 千米处，东与石井村毗邻，南与胡斗村接壤，西靠长安镇肖王村，北隔上塘河与之江村相望。村域面积 3.92 平方千米，南北长约 2.3 千米，东西宽约 1.7 千米。

北部有杭沪公路（01 省道），南部有杭州湾环线高速（杭浦高速）呈东西向过境，西距杭浦高速长安出口 5.7 千米，东离盐官出口 10 千米，距钱江隧道约 7 千米。

村域内中有胡云路纵贯，北接 01 省道，南通涌潮路；石肖路横穿，西至长肖公路，东接石井。村中通组达户道路均与一纵一横两条主干道路相通。

地质地形

云龙村居杭嘉湖平原南端，地处钱塘江北岸。地貌为古冲积平原，由古杭州湾海浸时海域泥沙堆积或江流推带泥沙沉积而成。部分为沿江高地，属钙质潮土区粉泥田土种，适合棉花、豆类和桑树等旱地作物生长。

境内属上塘河水系地带，北部有上塘河横向东流，纵向有马家桥港、云龙寺港两条河流南北贯通，与上塘河相接，并有多条横向河浜交叉相连，水系丰富，有较好的灌溉资源。

地貌变化

1968 年以前，云龙的自然地貌复杂，水田与旱地相间，地势起伏，地高田低，落差悬殊，谚语称："南高墩、北高墩，高低相差两个人。"桑地散布于水田之间的一些杂地，地块不均，大者数亩，小者只有几分。1968 年大队制定《农田基本建设五年规划》，并从冬季开始实施，社员以人工力量肩挑手挖平整土地。经过四个寒暑，到 1971 年冬，将 3200 亩零散田块改成连片的 16 只大田垟。桑园集中在河港两岸高耸的护塘地上。其中民二生产队平整土地面积 107 亩，314 人历时 2 个月搬运土方 5 万余立方米。

2002 年进行新的土地整理，至 2005 年完成。这次土地整理以机械代替人工，杂地、高低不平的地块被改造成大面积平整的田地。与此同时，对村级、通组达户的道路进行改造。云龙地貌再次发生较大变化。

第二节　建　置

历史沿革

云龙村以云龙寺得名。据《海宁州志稿》载，云龙寺"在县西十五里运塘北，宋庆元二年建，元末兵毁。清顺治间僧天奇重建"。宋时，地属元西乡三都。

清雍正年间（1723—1735），此地为二都六庄及三都二庄、三庄和八庄，自然村有陈安寺、邹家渡、大乘庵、汪店港等。

民国 21 年（1932），地称汪店乡，范围在邹家渡、大乘庵、汪店港、陈安寺之间。23 年（1934）9 月实行保甲制。35 年（1946），属长安镇、袁牧乡、城北乡。37 年（1948）为长安镇一保和二保。

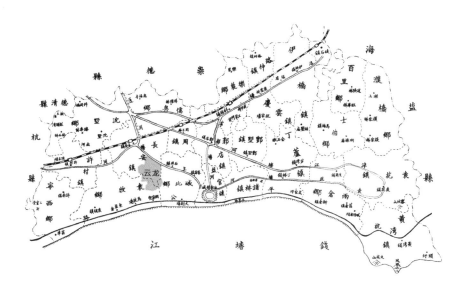

海宁区划图中的云龙地方（1946年，海宁市档案馆藏）

　　1949年5月，原海宁城北乡、牧港乡和长安镇政区的一部分，建政为石井乡、荆山乡，云龙地属两乡。1950年5月，划为民主乡第一、第二村和牧港乡一心村。1955年11月，牧港乡一心村成立建一高级农业生产合作社。1956年2月，民主乡第一、第二村合建民一高级社。是年石井乡与荆山乡合建为石井乡，建一、民一两社划归石井乡管辖。1958年7月建立钱塘江人民公社，10月，划入钱塘江人民公社管辖。1959年4月，将第一、第二村和一心村合并，成立云龙大队，隶属钱塘江人民公社，驻地云龙寺。

　　1983年4月，政社分设，改称云龙村，设村民委员会。公社改称乡，云龙村隶属钱塘江乡。2001年10月，钱塘江镇撤销，与周王庙镇合并，称为周王庙镇，云龙村隶属周王庙镇，至2015年未变。

村域区划

　　1959年4月云龙大队始建时，下辖22个生产队，分为建一、民一、民二、

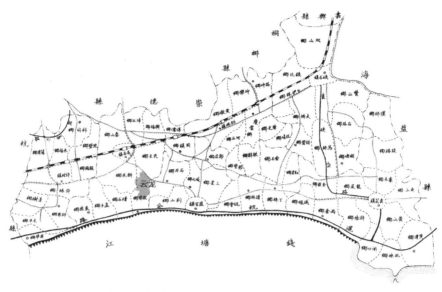

海宁县区划图中的云龙地方（1950 年，海宁市档案馆藏）

民三 4 个片。1961 年，调整为 31 个生产队，此后又变更为 23 个生产队。
1968 年区划调整，合并为 5 个生产队。1971 年，重新划分为 15 个生产队。
1972 年调整为 16 个生产队。

　　1983 年 4 月，随着村委会建立，
生产队改称村民小组。辖 16 个村
民小组（其中建一组含 5 个班，五
组、十一组、十三组分别含 3 个班），
有 22 个自然村和 1 个自然镇（见
表 1-1），2004 年，十三组 3 个班
合并。至 2015 年，辖 16 个村民小
组（其中建一组含 5 个班，五组和
十一组分别含 3 个班），19 个自
然村和 1 个自然镇。

　　自然镇为汪店港。自然村分别

金佛寺迁创记拓片（海宁博物馆藏）

为南邹家渡、李家埭、陈角落、姚家埭、沈家门、北大池、龙潭上、徐家兜、南大池、朱家庄、周家墙门头、褚家高地、沈家坞头、渔家庄、许陆埭、云龙油车桥、陈安寺、贝家埭、陈家兜。

表 1-1　云龙村辖属管理区划设置（1984 年、2015 年）

片	组	班	自然村（镇）	
			1984 年	2015 年
建一片	一	1	陈家兜	陈家兜
		2	潘家角落	
		3	陈安寺	陈安寺
		4	东曹	
		5	油车桥	云龙油车桥
民四片	二	–	南大池	南大池
	三	–	北大池	北大池
	四	–	汪店港	汪店港
民三片	五	1	沈家门	沈家门
		2		
		3		
民二片	六	–	李家埭、朱家埭	李家埭
	七	–	南邹家渡	南邹家渡
	八	–	枣树埭	陈角落
	九	–	姚家埭、陈角落	姚家埭
	十	–	徐家兜	徐家兜
	十一	1	周家墙门头	周家墙门头
		2		
		3	渔家庄	渔家庄
民一片	十二	–	贝家埭	贝家埭
	十三	–	许陆埭（分 3 个班）	许陆埭
	十四	–	沈家坞头	沈家坞头
	十五	–	龙潭上、褚家高地	龙潭上、褚家高地
	十六	–	朱家庄	朱家庄

汪店港　自然镇。位于石井西南 1.7 千米，汪店港桥南北堍。桥名见载清《海昌备志》所引雍正《都庄图说》，桥跨上塘河。处旧时云龙地方北部交通要道。1946 年实测清丈图中在桥北标注有太平庵，桥南堍道路两侧已有屋宇，传为汪姓开设小店得名。1982 年，小镇沿上塘河南北两岸分布，由汪店港桥沟通。桥北系主街，东西长 60 米，石板路面，设有供销、百货、饮食等商店，桥南为两面街，南北长 50 米，石板路面。桥北堍西侧设有上塘河客轮码头。至 2015 年，道路已改为混泥土路面，码头已废弃。

南邹家渡　位于石井西 2.3 千米，上塘河南岸，处云龙村村域北端。以村处邹家渡南，故名。1946 年实测清丈图中标注为"周家渡"。村西侧有 01 省道经过。

李家埭　位于石井西 2.2 千米。由原邱角落、朱家埭、李家埭三个自然村组成。1946 年实测清丈图中均有标注。朱家埭在胡云路北端，云龙寺港东延段北岸；邱角落在朱家埭东北，马家桥港与上塘河交汇的西侧；李家埭在石肖路北、胡云路西、云龙寺港东。均以姓得名。邱角落在 1982 年前村民已迁移至朱家埭，村遂废。2015 年，统称为李家埭。村南 200 米原有云龙喷灌站。

陈角落　别名北枣树埭。位于石井西 2.3 千米，在枣树埭北 0.2 千米，李家埭西三角漾畔，因地偏僻，村民大多陈姓而得名。1946 年实测清丈图中已有标注，村北侧并标注有"万家角"。

姚家埭　位于石井西 2.8 千米，由姚家埭和枣树埭两个自然村组成。沿石肖路南侧狭长布局。西为姚家埭，在西出盐港东岸，以姓得名；东为原枣树埭，在陈角落正南，因村中原有大枣树得名。1946 年实测清丈图中均有标注。

沈家门　曾名马家桥。位于石井西 1.8 千米。处马家桥港西，石肖路北，胡云路东，云龙寺港东延段以南。以姓得名。1946 年实测清丈图中已有标注。马家桥，原为石桥，1978 年在原址南 2 米处改建为混凝土公路桥，长 14 米，宽 4.5 米，载重"汽 -10 级"。

北大池　位于石井西南 1.8 千米，处汪店港南村道东侧，庵港浜西侧，与石井村接壤。因村与南大池相对得名。1946 年实测清丈图中标注名"大池庵"。

龙潭上　位于石井西南 2 千米，马家桥港西，胡云路东侧。以村中原有龙潭浜得名。1946 年实测清丈图中已有标注，并有龙潭浜。为村委会驻地。云龙茧站在村东侧。

徐家兜　别名戴家埭、孙家桥。位于石井西南偏西 2.7 千米，孙家桥南北块。桥南居徐姓，名徐家兜；桥北聚居戴姓，称戴家埭；亦以桥名称孙家桥。1946 年实测清丈图中标注名有"徐田里""□家埭""沈家桥"。2015 年，统称为徐家兜。

南大池　位于石井西南 1.8 千米，处马家桥港东岸。原在村北有大池庵，庵南称为南大池，庵北称为北大池。因土语"庵"与"岸"同音，故又称曹家大池岸上。

朱家庄　位于石井西偏南 2.5 千米，云龙村委会驻地西南，胡云路西侧。

云龙村驻地俯瞰图（2015 年）

以姓得名。

周家墙门头 位于石井西南 3 千米，云龙寺港西岸。村以旧时周姓建有高大墙门、院落得名。1946 年实测清丈图中有标注。

褚家高地 位于石井东南 1.8 千米，胡云路以东，龙潭上南侧。村地势较高，并以姓得名。

沈家坞头 位于石井西南 2.5 千米，马家桥港西岸，褚家高地南侧。据传清代前，马家桥港系运盐港，此处设有停船埠头，村民沈姓，故名沈家河头，后以谐音得此名。1946 年实测清丈图中有标注为"徐家户头"。

渔家庄 曾名吴家庄。位于石井西南 3.3 千米，云龙寺港西 300 米处。处云龙村域西南角。据传村中原有吴姓开过油车，故名吴家庄。因"吴""渔"方言读音近似，后谐讹成今名。1946 年实测清丈图中有标注为"吴家庄"。

许陆埭 位于石井西南 2.7 千米，胡云路东侧，沈家坞头南侧。村以许、陆两姓得名。1946 年实测清丈图中已有标注。

云龙油车桥 原名油车桥，因市内重名，2006 年以冠以所属行政村名，更为今名。位于石井西南 2.2 千米，马家桥港以东。汪店港以南村道东侧，分布在油车港南北。据传明末清初，桥旁曾开设油车，故名。清《海昌备志》引雍正《都庄图说》载有其名，属二都六庄。1946 年实测清丈图中已有标注。

陈安寺 位于石井西南 2.3 千米。以村中旧有陈安寺，故名。陈安寺，又名一心庵，始建于南宋绍兴（1131–1162）间，初名上乘院。乾道二年（1166）改名金佛寺，元末毁。明洪武二十四年（1391）重建为丛林。后因海塘坍塌，移建于村南，1967 年毁废。明末清初，这一带以产西瓜著名。清《海昌备志》引雍正《都庄图说》中载有寺名，属二都六庄。1946 年实测清丈图中标注有西曹、东曹自然村。20 世纪五六十年代后西曹改称陈安寺，2015 年，东曹并入。

贝家埭 位于石井西南 3 千米，建新桥南塊，胡云路两侧。以姓得名。村东北原有三角漾抽水机站。

陈家兜 位于石井西南 2.7 千米，马家桥港南端弯折处之西。以地处河兜，居有陈姓得名。1982年前尚有潘家角落自然村，后并入，2015年，统称陈家兜。1946年实测清丈图中标注有"陈家兜""潘家角""姚家埭""周家埭"等村名。

插秧比赛（20世纪70年代摄）

基础设施建设

  1950年，创办云龙小学，设于原云龙寺内。1957年开始通电，建设"27"电灌机站1座。1972年，建造云龙外宾参观接待站。至1973年，自架低压网13.5千米，设3座电灌机站、2个低压点，安装260千伏安变压器5台。是年，修建沪杭公路支道，从胡家兜至云龙开通公路，方便国内外贵宾参观考察。1974年以后，在新农村建设的同时，大队修筑道路、桥梁，建造中小学、

农田水利基本建设（1977年摄）

插秧机插秧（20 世纪 70 年代摄）

蚕农生活（20 世纪 70 年代摄）

合作医疗站。1977 年开始，全大队普及初中教育，免费入学，合作医疗由集体公益金支付 50%。1979 年，大队开办 2 所幼儿园，入园幼儿 72 人。1981 年，大队办起缝纫组、理发室、小吃店、农工商综合商店和 8.75 毫米电影队。1985 年，村自办自来水厂，村民分批安装自来水，至 1992 年全部安装开通。2003 年开始危桥改造。2005 年，完成全村道路总体规划，计划用 4 年时间完成村级道路 16.6 千米和通组达户道路硬化。2006 年，完成云龙桥、陈家桥（八组）、陈家桥（建一二组）、戴家桥、大麻桥、贝家桥、寺桥、油车桥、喷灌桥、马家桥、郭家桥、云新桥等 12 座危桥改造。2007 年，建成三条村内主要道路：民云路，宽 5 米，长 2.7 千米；胡云路，宽 5 米，长 2.1 千米；石云路，宽 5 米，长 1.7 千米。实施整治村和生态家园工程。2009 年，兴建蚕俗文化园。2011 年，完成整治村和生态家园工程建设，浇筑通组道路 9.4 千米，达户道路 18 千米，总计道路硬化 33.9 千米，到达全村 100% 农户，生态家园覆盖率达到 81%。2012 年蚕俗文化园建成开放。实施村道亮化工程，石肖路、胡云路全程安装路灯 121 套。2013 年，重建村部办公楼。2014 年开始治理河道、池塘及生活污水等，疏浚池塘 20 个，完成首批 16 组（30 户）农村生活污水治理工程。20 个自然村（镇）村口竖立景观石村名碑，全村道路达到亮化、绿化。建有一个占地 860 平方米的农民公园，7 个休闲健身点，健身器材 58 件。村投入资金 150 万元，对蚕俗文化园内徐家兜浜护岸进行改造、绿化。完成云龙村村部办公楼、便民服务及文化活动中心建设。2015 年，完成云龙村文化礼堂建设。

新农村住宅建设

云龙的新农村住宅建设，与大蚕饲养规模联系在一起。自 1974 年开始，大队多次组织人员往嘉善、富阳等周边县（市）实地考察新农村建设，设

云龙建一陈安寺新农村住宅（2015 年摄）

云龙油车桥 41 号首批新农村住宅室内（2015 年摄）

定新农村住宅的建设标准。每年从集体经济总收入中抽出 18% 新建新农村住宅。首批试点住宅建于油车桥自然村，共计 14 间，均为二层砖混结构，每开间 3.8 米，大堂进深 5.5 米，退堂进深 4.5 米，走廊进深 2.2 米，层高 3.6 米。楼板以下由集体出资建造，楼上归户主出资建造。家中有一个儿子的分配 2 间，两个儿子的分配 4 间。住宅建成后，每户大堂饲养大蚕，一间退堂贮藏桑叶，另一间退堂为楼梯和饭厅，楼上为卧室。楼房后面附建厨房和生产用房。1979 年，新农村建设全面铺开，至 1981 年，包括集体和个人在内，共投资 170 多万元，建造新村楼房 43 幢、2605 间、6.3 万平方米，有 230户共 1139 人住进新村，占全大队总人数的 32.7%，每人平均 55.3 平方米。

云龙大队第一批新农村住宅油车桥自然村与桑园俯瞰图（2015 年摄）

1982 年下半年实行联产承包责任制以后，农民建造新村房屋十分踊跃，剩下的 80% 农户都自建新房，至 1984 年，新农村住宅全部建成。在新农村住宅建设过程中，得到浙江省林业厅和嘉兴丝绸公司帮助，解决了部分钢材指标。

第三节　户口　经济

农户人口

云龙农业户口人数较多，在中华人民共和国成立前，共有 465 户；1961 年有 507 户，2480 人；1968 年共 585 户，3086 人；1972 年有 629 户，3257 人；1977 年有 682 户，3486 人；1983 年 3 月，全村有 748 户，3450 人（见表 1–2）；1991 年有 992 户，3728 人；1992 年，为 997 户，3707 人；2005 年，为 922 户，3538 人；2015 年，共 926 户，3549 人（见表 1–3）。

表 1–2　云龙大队 1983 年 3 月自然村 / 镇户数、人口情况表

自然村 / 镇名	户　数	人口数	自然村 / 镇名	户　数	人口数
陈家兜	27	191	枣树埭	23	96
贝家埭	36	175	陈角落	12	34
陈安寺	55	255	姚家埭	22	92
东　曹	26	125	徐家兜	27	139
油车桥	48	229	周家墙门头	39	186
南大池	48	229	渔家庄	29	129
北大池	49	173	许陆埭	56	252
沈家门	65	294	沈家坞头	33	173
李家埭	22	115	龙潭上	36	171
邱角落	–	–	朱家庄	28	101
朱家埭	20	120	汪店港	47	171

注：引自《海宁县地名志》。

表 1-3　云龙 1960—2015 年人口变化情况汇总表

年份	人口	年份	人口	年份	人口	年份	人口	年份	人口	年份	人口
1960	2406	1970	3156	1980	3510	1990	3701	2000	3790	2010	3541
1961	2480	1971	3240	1981	3495	1991	3728	2001	3721	2011	3540
1962	2652	1972	3257	1982	3486	1992	3707	2002	3549	2012	3540
1963	2784	1973	3328	1983	3450	1993		2003	3547	2013	3553
1964	2856	1974	3364	1984		1994	3665	2004	3531	2014	3555
1965	2916	1975	3411	1985		1995	3634	2005	3538	2015	3549
1966	2985	1976	3465	1986		1996		2006	3511		
1967	3040	1977	3486	1987		1997		2007	3514		
1968	3086	1978	3507	1988		1998	3626	2008	3505		
1969	3156	1979	3510	1989		1999	3604	2009	3509		

农业经济

云龙人多地少，人均耕地面积约 1.1 亩。以种植粮食、络麻为主，复种油菜，兼营蚕桑，饲养猪羊。粮食作物仅供解决口粮，属半经济作物地区。20 世纪 60 至 80 年代，以蚕桑高产闻名。农业经济收入主要来自粮食、蚕桑、络麻。

1949 年，云龙地方粮食亩产不足 150 千克，猪羊

粮食丰收（20 世纪 70 年代摄）

饲养量约 730 头。1957 年通电后，当年粮食亩产提高到 300 多千克。1959 年，云龙大队粮食总产量 665 吨，经济总收入 44 万元。1960 年，大队经济总收入提高到 51.35 万元，其中络麻收入占 49.2%，蚕桑收入占 8.6%，粮食收入占 5.4%，络麻占绝对优势。1961 年实行三级所有制，三包一奖。

收剥络麻（20世纪70年代摄）

大队经济总收入50.23万元，比上一年略有下降，其中粮食占比提高到24.4%，迅速上升，络麻下降到30.9%，蚕桑下降到4.1%。蚕桑在经济总收入中的占比处于历史最低点，不如油菜、甘蔗、瓜类，与蔬菜持平，占比排位倒数第四。1962年全大队经济总收入增幅较大，达到61.79万元，比上年增长23%，蚕桑占比略有回升。1964年，粮食亩产超千斤，达到623.45千克。经济总收入66.78万元，蚕桑收入出现大幅度上升，占经济总收入的13.1%，此后开始逐年稳步提升。1966年发展农电机械建设，经济总收入69.67万元，比上年略有提高。1968年，经济总收入77.03万元，农用电消耗量为每亩11.8度。是年开办5个集体牧场。1969年，全年家庭饲养猪羊8388头，年底存栏4933头，平均每户8.5头，每人1.6头，每亩耕地1.3头。是年止，大队建造有400多间集体瓦房，用于开办畜牧场、鱼苗场等，发展农副业。各生产队开办集体牧场，全年集体养猪439头，占总存栏数的9%。一年增加有机肥料超过6000吨，平均每亩耕地1.55吨。大队根据农事季节实施四个积肥运动，抽干河港，共积河泥18500多吨，每亩粮田达11余吨，节约计划用化肥23余吨，150多亩土质差、产量低的三类田得到改良。是年全大队经济总收入87.16万元，比上年提升

13.2%。公共积累 66 万余元，平均每户 1100 多元，其中 20 万元是大队集体财产，有电灌站、低压网、拖拉机、脱粒机、电耕犁等生产资料。同时培养初级技术员，有电讯线路员、机械检修员、病虫测报员、畜牧配种员、鱼苗繁殖员、蚕桑辅导员、缫丝工等 240 多人，农忙时务农，农闲时做工。

1970 年，粮食亩产 815.5 千克，络麻亩产 331.5 千克，油菜籽亩产 101.75 千克，全年饲养猪羊 4966 头，平均每人 1.57 头。1971 年，全大队经济总收入 98.29 万元，平均每户集体分配收入 1050.5 元，每人收入 209 元。经济总收入中粮食占 26.4%，蚕茧占 22.1%，络麻占 20.8%，成为农业经济三大支柱。是年农副业生产成本从之前的 20% 下降到 17%。大队有集体积累 88 万元，储备粮 429 吨。平均每人向国家提供蚕茧 23.4 千克、络麻 174.5 千克、油菜籽 18.2 千克、生猪 1.1 头。每亩水费 1.47 元。是年止，大队兴建蚕室、牧场、仓库等 616 间，有机站 5 座，拖拉机、电耕犁、电动脱粒机、抽水机等农业机械 102 台。1972 年，粮食亩产 938.25 千克。平均每户饲养猪 11.15 头，养羊 5.17 头。每亩水费 1.27 元，消耗农用电 11 度。大队经济总收入 106.93 万元，各项生产的经济收入比重为：粮食占 25.4%，蚕茧占 27.6%，络麻占 17.8%，油菜籽占 4.8%，甘蔗占 0.2%，瓜类占 0.5%，蔬菜占 1.7%，其他农作物占 5.4%；畜牧占 6.3%，渔业占 0.7%，企业和其他占 9.6%。蚕茧收入占比首次超过粮食和络麻，居于首位。

至 1973 年，有 102 台农业机电设备，其中有拖拉机 6 台、汽油除虫机 2 台、大中型水泵 9 台、高低压水泵 20 台、电耕犁 7 台、稻麦脱粒机和电动打稻机 42 台、各种粮饲加工机 9 台、电焊机 1 台、电动钻床 1 台等。大队有机电技术队伍 40 人，机耕手 17 名。当年粮食总产量 1205.23 吨，平均亩产 899.22 千克。每户社员集体分配收入 1032 元，人均 202 元。1974 年，粮食总产量 1277.84 吨，亩产 956.61 千克。猪羊年底存栏数 6710 头，平均每人养猪 2.1 头、每亩耕地养猪 1.9 头。全大队公共积累 134.6 万元，平均每户 2124 元，集体储备粮 650 吨，相当于全体社员 8 个月的口粮。平均每户向国家交售蚕茧 168 千克、络麻 800 千克、油菜籽 126.5 千克、生猪 5.6 头。1976 年，提出"真学大寨，大干二年，建成大寨式大队"。粮食总产量 1296.68 吨，蚕茧亩产 175 千克，油菜亩产 80.25 千克，络麻亩产 300 千克，畜牧每亩 1.2 头。1978 年，全大队经济总收入 131.38 万元，比上年增长 12.9%；1979 年收入 151.82 万元，比上年增长 15.6%，连续两年取得较大增长幅度。1981 年发展桑苗、养蜂、养兔、河蚌育珠、蘑菇等多种经营项目。农副业总收入 252 万元，集体提留累计指标 18%，人均收入 303 元，口粮 341 千克。人均向国家交售蚕茧 33.9 千克、络麻 122.5 千克、油菜籽 41.5 千克、鱼 10 千克、肉猪 1 头，农副产品商品率达到 70%。是年，有集体积累 43 万元，储备粮 270 吨，固定资产 192 万元。全大队经济总收入 151.11 万元，其中蚕桑占 31.9%，为历年最高。全大队有彩色和

云龙茧站与良种场俯瞰图（2015 年）

黑白电视机 19 台，自行车 245 辆，缝纫机 176 台，电风扇 200 余台，收音机和收录两用机 800 多台，手表 1560 只。1982 年下半年，实行家庭联产承包责任制，农业生产由集体过渡到农户，刺激农村经济发展。当年大队经济总收入 154.06 万元。是年大队筹资 5.1 万元，对桑园喷灌系统进行全面改造。1984 年，全年为国家提供商品、油料 121.35 吨，蚕茧 143.45 吨，麻 510.55 吨。1991 年，开挖马家桥港，总长 1.98 千米，投入民工 12000 工，总挖土方 3 万立方米，改造渠道总长 39.8 千米。改造机泵 3 台。造桥 1 座，总投资 16500 元。1999 年，农民家庭出售农产品收入 1760.2 万元，居钱塘江镇之首。2014 年，村级集体经济收入 52.4 万元，人均年收入 25324 元。2015 年，全村农村经济总收入 1.07 亿元，村级经济收入 198.52 万元，人均纯收入 28343 元。

工业状况

1961 年，大队企业利润 4.9 万元，占全大队经济总收入的 9.8%。1964 年，创办云龙缫丝厂。当年企业利润 1.89 万元，占全大队经济总收入的 2.8%。1965 年，下降到 1.2 万元，占全大队经济总收入的 1.9%，为历年最低。1969 年，建成有全套设备的综合加工厂和缫丝厂等企业。全年企业利润 5.3 万元，占全大队经济总收入的 6.1%，工业企业逐渐得到发展。1975 年 2 月，云龙丝厂转为公社丝厂，成为钱塘江丝厂云龙车间。1976 年，企业利润 14.47 万元，占全大队经济总收入的 12.3%，出现较大提高。1980 年 5 月，建成云龙针织厂、云龙绣花厂。当年企业净利润 23.05 万元，占全大队经济总收入的 15.6%，为历年最高。1981 年，钱塘江公社建筑工程队与云龙大队联办第二砖瓦厂，规模为 28 门轮窑。全年队办企业收入 99 万元，比上年增长 38.6%，工业利润 18.12 万元。1982 年有队办企业 8 个。1983 年 3 月，云龙车间从公社丝厂中划出，与原云龙针织厂合并，改名为海宁县云龙丝织厂。1984 年，村办工业产值达 504.37 万元，利润 51.94 万元，务工人员达 1600 多人。全村个体和手工业就业人员 24 人，包括水作、理发、服装加工、修理等，全年产值44750元，利润19920元。建一组绸厂工人44人，产值27.4万元，利润2.6万元。绸厂有职工200多人，年初产值指标250万元；丝厂有300多人。1985年，村办工业得到空前发展，有总场、总厂及其他14个单位。总场有7个分场，职工合计1000多人。1986年，云龙丝厂年产值达799万元。1990年，村工业年产值突破3000万元。1993年，云龙村与武汉市硚口区四海贸易经理部合办海宁申龙工艺美术联营厂，主营手绘真丝方巾、手帕及手帕印花业务，总投资20万元。1995年，村办具有一定规模的企业达到12家，有丝厂、绸厂、皮件厂、五金厂等。同年，村办企业整合成立云龙村超龙集团公司。1998年，云龙丝织厂改制为海宁市云龙丝业有限责任公司。同年，因金融危机，云龙村超龙集团公司关停。2005年，上规模的丝织企业有海宁市福尔特丝织厂、云龙丝业有限责任公司两家。2009年，全村工业总收入5315.7万元。2015年，全村工业总收入8669.32万元。

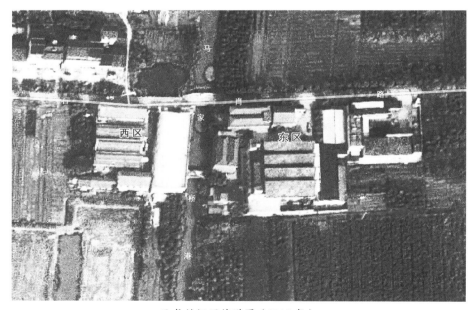

云龙丝织厂俯瞰图（2015年）

第二章

栽　桑

　　云龙处于周王庙镇南部地区。周王庙镇历来有培育嫁接小桑苗的传统生产，是全国嫁接桑苗集中产区之一。据《海宁州志稿》载，清代雍正年间（1723—1735），此地"土质松咸，广种瓜果、菜芥并桑、棉""栽桑者多"。据1995年版《海宁市志》载："以周王庙为中心的长安、郭店等地，民国期间为桑苗主要产区，约占全省的40%。"云龙境内虽无培育小桑苗的记载，但沿河高地、村庄中房前屋后的旱地大多种植桑树，当地称为"桑窠地"。民国时期，政府一度对蚕桑生产较为重视，但是日军侵占期间，桑园毁坏严重，农户对桑树的培育水准低下，桑园地兼种其他作物，株稀桑萎，且品种良莠不齐，桑叶产量很低。

　　1950年3月，海宁县政府发出通告，要求按华东蚕桑会议决议精神，在县内广植桑苗，并采取农民购种桑苗一株，即可领贷米一盒半的鼓励措施，农民种桑积极性提高，蚕桑业较快发展。云龙所在地的石井乡和周镇乡等地被海宁县政府列为麻、桑种植区。20世纪60年代，农业实行集体经营，受"以粮为纲"政策和三年困难时期（1959—1961）影响，专桑地普遍兼种粮食作物，桑园没有得到专门培育而衰败，集体养蚕减少。1964年开始，桑园培育逐步恢复，养蚕业得以重振，云龙大队成为全县养蚕先进典型。

　　1970年，县政府抓桑园建设，在全县范围内推广云龙大队"三增四改"

和"三担肥一担叶"经验。1972年，县委号召向云龙大队党支部学习，在全县推广云龙经验，大搞桑园基本建设。此后，云龙在桑园建设上长期走在全县前列。1982年开展桑园喷灌田间试验，至1986年试验结束。1985年，专桑面积扩大至1040亩。1990年，调整桑园种植布局。此后随着农民养蚕热情的高涨，专桑面积逐步增加。特别是经过2002年至2005年的土地整理后，新增土地一半以上用于栽桑。桑树品种更新，桑园退出间作，持续保持良好状态。

第一节　桑树品种

品种选择

云龙先后种植的桑树品种有大种桑、荷叶桑、桐乡青、乌皮桑、墨汁桑、白条桑、荷叶白等。1958年以前，云龙的桑树品种很杂，以火桑、毛桑为主，桑叶产量和质量不高。从1964年开始，对桑树品种进行选择，先后引进尖头荷叶白、湖桑32号、红皮大种、桐乡青等良种，在桑园改造时大量种植。此后通过培育实践，进行品种更新。1968年，从广东引入无杆桑试种，其因不适应地方环境而被淘汰。1969年，淘汰产春叶每亩千斤以下的桑树品种，发展中杆、低杆的优良品种。至1978年，云龙将荷叶白、乌皮桑、桐乡青、育2号作为主要栽培品种。1979年，确定尖头荷叶白、红皮大种以及湖桑199为3个主要当家品种。1982年分包到户后，仍然延续这几个品种，但以尖头荷叶白为主，约占80%。2004年土地整理以后，桑树品种主要改为农桑8号、农桑14号、农桑12号，少部分用强桑711。2013年，在蚕俗文化园中种植了7亩桑果桑树。至2015年，农桑8号已被淘汰，用于蚕桑生产的品种主要为农桑14号，其他品种很少。

尖头荷叶白　1964年，云龙从周王庙引进500株尖头荷叶白（湖桑32号）嫁接苗，开始广泛种植这一品种。其主要优点是嫩叶多，桑叶不易老化、落叶，因此使用时间长，在云龙集体养蚕期间使用量最大，至2004

年还有少量使用。

红皮大种　云龙的老品种，这一品种生长期长，但秋季叶质硬化较早，而且枝条弯曲。20世纪70年代初，一度引进枝条很直的德清白条桑，但产量低，尝试之后仍然采用红皮大种桑。同时，通过培育和改良，逐渐改善秋叶硬化期早的缺陷。

桐乡青、湖桑199　1978年，云龙从嘉善引进桐乡青品种，但存在"烂头"的缺陷，叶梢的嫩尖易萎腐，不利于秋蚕饲养。1979年，大队从镇江引进湖桑199品种，尽管其叶质较薄，但不烂头，有效弥补了晚秋蚕饲养桑叶供给不足的问题，但用量比较少。

农桑14号　2004年开始大量使用，其主要优点是叶大，产量高，方便采摘。

品种改良

20世纪60年代晚期，云龙曾从外村聘请桑树嫁接能手，利用大队已有桑树通过嫁接改良品种。在上年秋叶采摘时，枝条上留3～4片叶，以充实种枝条，且采叶时不能掰摘，用剪刀在叶柄中部剪下，以保护桑条不受损伤。来年3月到4月间，选好良种桑树接穗。其中"傍娘接"是在老桑树的根部破皮作为砧木，良种桑条作为接穗，就地嫁接。1982年以后，云龙桑树就地嫁接情况逐步减少。2004年以后，桑苗均从周王庙等地购入种植，就地嫁接基本停止。

第二节　桑园建设

桑园改造

从1958年开始，云龙大队逐步重视桑树种植管理，陆续改造建设新桑园。新桑园建设以不影响当年产量为原则，遵循"三个必须"，即淘汰老桑树时，必须先种后翻；平整土地时，必须结合改良土壤；桑园连片成林中，必须做到能灌能排。桑叶增产做到一专（专业桑园不间作）、二密（补齐桑园缺株，增加桑树条数）、三肥（施足桑园肥料）、四管（治虫除草、冬耕、整枝修拳、剪梢等）。

1962年开始退出桑园间作，巩固专业桑园。同时加强肥培管理，恢复树势，增产桑叶，但桑园株稀、中杆偏高居多、条少。1963年冬起，对老桑园进行改造，在平整的土地上按行距要求挖掘种植沟，沟中施足基肥，采取深沟浅种，保证种一株活一株。是年开始缩小株行距，合理提高桑园密度，加密植株稀的桑园，并试种了一部分中杆桑和低杆桑。1964年，全面退出桑园间作。是年提早夏伐，冬季补植和新种白条桑，在渠道、河旁补植小蚕用火桑。桑园每亩5703条，总条长4517.3米。至1965年，每亩提高到8547条，总条长7961米，枝条增加49.9%，条长增加76.2%。1966年开始，实行桑园"四改"，即一改三类桑为一类桑，改造亩产桑叶千斤以下的三类桑园134亩，使亩产叶量达到1500千克以上；二改稀植为密植，中杆桑从原来每亩300～400株，增加到600株左右，低杆桑每亩1000株左右，无杆桑每亩2000株左右；三改靠天桑为旱涝保收桑，结合土地平整，种植成片成带桑园，改善排灌系统，部分高地桑能引水灌溉，640亩桑园中的85%达到旱涝保收；四改劣种低产桑为良种高产桑，扩大育2号、尖头荷叶白和桐乡青等品种的种植量，至1969年基本完成。1968年、1969年两年种桑27万株，投资10多万元。20世纪60年代中晚期，云龙大队的"四改"经验已在全省推广。

1976年，大队继续通过平整土地改造桑园60亩，其中低杆桑园32亩。是年全大队桑园平均亩产春叶978千克，全年产叶2509千克。1963—1976年，共640亩专业桑园，全年亩产蚕茧从36.05千克提高到175千克，增幅较大。1964—1968年改良种植的桑园发挥了增产作用。1979年以后，大多种植低杆桑。从1980年开始，逐步减少络麻面积400亩，全部扩大为桑园面积，减少的粮田面积由国家增加统销粮解决。至1985年，增加桑园面积400亩，全大队桑园总面积达到1040亩，桑园改造基本完成。

马家桥港两侧成片的桑园地俯瞰图（2015年摄）

云龙寺港两侧成片的桑园地俯瞰图（2015年摄）

桑园以种植低杆桑为主，每亩有效桑条达到7500条，每条采叶量175克，春季亩产桑叶达到1250千克，全年桑叶亩产2500千克。2004年，新一轮土地整理后，桑园得到大面积改造，有专桑面积1500亩。2005年，专桑面积1320亩。2006年增加到1730亩，2008年为1792亩，2012年为1720亩。至2015年，专桑面积保持在1720亩（见表2-1）。

表 2-1　云龙村 1960—2015 年专桑地面积变化表

（单位：亩）

年份	面积	年份	面积	年份	面积	年份	面积	年份	面积	年份	面积
1960	685.9	1970	642	1980	640	1990	1040	2000	1040	2010	1730
1961	663	1971	640	1981	640	1991	1148	2001	1040	2011	1730
1962	663	1972	642	1982	700	1992	1378	2002	1440	2012	1720
1963	663	1973	655	1983	750	1993	1040	2003	940	2013	1720
1964	663	1974	612	1984	900	1994	1040	2004	1500	2014	1720
1965	640	1975	640	1985	1040	1995	1040	2005	1320	2015	1720
1966	640	1976	640	1986	1042	1996	1040	2006	1730		
1967	640	1977	640	1987	1042	1997	1040	2007	1740		
1968	645	1978	640	1988	1039	1998	1040	2008	1792		
1969	640	1979	657.6	1989	1041	1999	1008	2009	1730		

注：本表1960—1982年数据从档案资料采集，1983年后数据来自《海宁市（周王庙镇）农业生产年终统计报告表》。

桑地平整

1968年，云龙大队制定以平整土地、改造桑园为重点的农田基本建设五年规划，提出"三年大干、二年扫尾"，改土治水，培桑养蚕。是年冬启动改造计划，1968年和1969年两个冬春，平整土地改造桑园280亩。至1971年，经过四个冬春，将原来大小不一、高低不平的桑地，平整改造为沿河两岸6.5千米成片成带的640亩新桑园。这次桑园的改造有利于统一培育管理，为提高蚕茧产量和质量打下了基础。

2002年至2005年，分三次进行新的土地整理。这次主要以机械代替人工平整土地，2004年建成标准农田1130亩；2005年，建成标准农田3750亩。

新地一半以上拓展为专桑用地，为此后几年蚕桑增产提供了基本保障。

清退间作

1962年之前，云龙的桑园地中普遍间种蚕豆、黄豆、油菜等作物，与桑树争肥争生长空间，桑树亩产春叶在300～350千克，叶质差，因此常发生缺叶。如1956年，农户赵桂松屋前一块0.13亩专桑地上，种植了53株桑树，1958年以后，由于间种南瓜、打麦等，造成桑树缩减，到1962年只剩下5株，桑叶产量从原来的75千克下降到5千克。1961年，云龙第三生产队饲养9张春蚕，发生缺叶，以每担30元的价格购入900千克桑叶，花费540元。春茧出售后，收入勉强支付购叶款。因无钱分红，引起社员不满。而河堰上有1亩专桑地，春叶亩产475千克，比间作桑园亩产高45%左右。1962年，公社要求桑地退出间作，部分社员担心粮食不够，因此不积极配合。大队以上述事例作对比，引导社员打消顾虑。是年11亩专桑退出有害间作，亩桑产叶量得到提高。1964年，桑园全面退出间作。1971年，云龙专桑面积扩大到640亩，但此后桑园间作有所反复。1974年，生产基础条件相同的第六、第七生产队中，六队种植专桑，春茧一季收入3000多元，而七队桑园内套种瓜菜，桑叶减少，买叶喂蚕，春蚕亏本200余元。1976年，大队开展桑地"三退一移"，即退间作、退坟墓、退侵占零星桑地，移出损害桑树的作物，基本达到桑园间作阶段性清退目标。1983年7月，村干部每人负责一个生产队，全面开沟排水；清退全部桑园间作。对坚持不退的，间作1亩桑园，扣蚕桑挂钩粮125千克，如无挂钩供粮的，扣现金30元，在社队企业上班的人员，动员回家，待退出后再上班；对不搞桑园间作的，或在规定时间前全部退出的，每亩奖励化肥10千克。20世纪90年代到2009年以前，养蚕形势较好，农户注重对桑园的保护，自行约束，桑园间作情况基本没有发生。2010年以后，蚕桑效益下降，养蚕减少。云龙村的年轻人绝大多数务工，不再注重农桑生产。桑园间作管理遂失去现实意义。

第三节 培育管理

"三增"改造

1958年以前，云龙的桑树栽植密度为行距1.33米、株距1.17米，中杆偏高养成，平均亩栽436株。从1963年开始，大队对老桑园全面采用增株、增拳、增条的"三增"办法提高亩桑产叶量。是年冬，对行间缺株或过稀处补植壮桑苗一株，每亩加密到500株左右，缩小桑树株距，称为增株，或称密植。1964年以后，实行增拳，将原来中杆桑桑拳离地0.8米，低杆桑桑拳离地0.4米，增加到桑拳离地1.2米左右，在桑拳上端再次留拳，称为"拳上增拳"。通过增株、增拳，达到"增条"目的。1964年，全大队每亩桑地的春季发条数从原来的2000条增加到6000条左右，亩产春叶从原来的六七百斤增加到1千斤以上，桑叶产量明显提高。当年每亩条数达到5703条，平均亩产叶834.5千克。1965年，每亩条数达8547条，全年亩产叶1281千克。至1968年，基本完成"三增"改造。

桑园肥培

云龙一般每年施肥4次，做到"施足冬肥，追施催芽肥，重施夏伐肥，补施秋季壮条肥，一年两季绿肥"，并在蚕桑生产实践中总结出"三担肥一担叶"的经验。

1958年以前，当地桑园间作，缺肥少管理，产叶量不高。1962年3月中旬，第三生产队春肥每亩用人畜肥1吨、化肥15千克，其中3亩每亩1吨羊灰、7.5吨河泥。是年冬，7亩专桑地每亩平均达到20吨冬肥。1964年，大队采取合理肥培管理桑园，以每亩万条为目标，一年两季绿肥，提高土壤肥力，全年施用标准肥2.53吨，平均产叶834.5千克。1965年全年施用标准肥5.15吨，平均亩产叶1.28吨，每百斤叶折施纯氮1.03千克。1971年，专桑地套种绿肥580亩，其中建一队80亩，民一队125亩，民二队121亩，民三队154亩，民四队100亩。1972年每亩施标准肥7.35吨，

桑地绿肥（20 世纪
70 年代摄）

冬季整枝（20 世纪
70 年代摄）

全年桑叶亩产 2.56 吨。1973—1975 年每亩各期施肥量详见表 2-2。1976 年，
每亩施标准肥 7.25 吨左右，亩产桑叶 2.51 吨。每百斤叶折合纯氮 725 克。
其中建一生产队 95 亩桑地，亩产茧 217.3 千克，平均全年产叶 3.01 吨，
全年施肥量折合纯氮每百斤叶 1.03 千克，保证土壤肥力的提高。1977 年
5 月埋羊灰 335 亩，共 252.6 吨，每亩 750 千克；猪粪 620 亩，550 吨；
化肥 5 吨，还有部分氨水等。1979 年，大队广辟有机质肥源，发动群众
扒垃圾、积毛灰、罱河泥，壅到桑地里，并增施猪羊粪、饼肥、复合肥，
每亩桑园平均增施 750 千克有机质肥料（折合标准肥）。640 亩桑园中有
520 亩种植蚕豆作绿肥。1980 年冬，全大队桑地全面翻垦，埋羊灰 560 亩，
平均每亩 1 吨。1981 年 3 月，全大队二次春肥共施化肥 24.5 吨、大粪 150 吨。

1983年上半年，云龙村农肥出现河泥少，菜饼、羊灰较多的情况，采取每亩施化肥25千克、大粪500千克培桑。年末春初，村民广积塘泥肥，培桑施肥采取先菜饼后大粪。1982年联产承包责任制以后，至2001年，农户自行安排桑园肥培管理，与村集体经济时期基本保持一致。2002年土地整理后，桑园肥培发生转折，传统的垦冬地、削草地、埋绿肥等方式基本被忽略，施肥主要依赖化肥和羊粪，方式较为简单。

表2-2　1973—1975年云龙大队每亩桑地各期施肥量比较

（单位：千克）

施肥期别	1973年			1974年			1975年		
	氮	磷	钾	氮	磷	钾	氮	磷	钾
春肥	15.51	4.19	9.9	17.6	3.89	8.35	14.28	4.11	8.97
夏肥	15.97	6.28	6.73	9.45	2.64	6.26	16.02	5.51	8.91
秋肥	4.02	1.35	2.15	2.63	1.47	2.25	6.67	1.97	3.14
冬肥	12	6.37	4.64	1.02	6.2	3.19	11.95	6.83	4.59
合计	47.5	18.19	23.42	30.7	14.2	22.05	48.92	18.42	25.61
生产百斤叶需肥量	1.05	0.41	0.52	0.76	0.27	0.43	0.93	0.36	0.5
折标准肥	4776.5			6326.5			7387.5		

注：冬肥按50%计。

桑园病虫害

云龙桑树的病害有桑膏药病、桑赤锈病、细菌性桑疫病等。虫害主要种类有桑毛虫、桑尺蠖（寸尺虫）、桑螟、野蚕、桑天牛、桑蛀虫。以前桑园害虫的天敌有啄木鸟、白眼鸟、黄豆子、黄春、麻雀等鸟类，所以害虫并不太多，一般都用手工捕捉。20世纪50年代以后，采用农药除虫为主，人工捕捉作为辅助。治虫用药主要有乐果、敌百虫等。根据桑树不同生长时期，一般春期桑树发芽前、夏伐后以及夏秋蚕发种前各用药1次，中途视虫害发生情况，适当增加治虫次数。治虫方式主要用喷雾器喷洒。冬季用注射器将药液注入树杆蛀洞内防治桑天牛，开春季节人工捕捉寸尺虫。

桑树捉虫（20世纪70年代摄）

1968—1970年，大队重视抗旱却忽视桑树治虫，导致桑叶减产、蚕病蔓延，蚕茧产量不稳定，春蚕张产约40千克。1978年，大队桑园初次发现桑树新害虫绿盲椿象。2014年，桑园发生较大面积虫害。

桑园排灌

云龙桑园地势较高，传统灌溉主要依靠水车，用人力脚踏将河浜中的水翻至桑园灌溉。1957年，当地建办"27"电力灌溉机站，开始利用电力灌溉。实现电力排灌后，把节省下来的劳动力用于发展蚕桑生产。1966年，大队发展农村农电机械建设。第三生产队原来养7张春蚕种，是年增加到23张。

1968年开始，大队大规模平整土地，为桑园水利排灌创造条件。1971年，大队基本实现灌溉渠网格化。1975年，春雨多，造成桑地积水，第九生产队一块桑地高低落差明显，地势较高、排水良好一侧约8亩，亩产春叶由1

桑园喷灌（20世纪70年代摄）

吨上升到 1.07 吨，增产 7.0%；地势稍低造成积水的另一侧 9 亩左右，春雨后没有及时排水，亩产春叶从 1.08 吨下降到 0.98 吨，减产 9.1%。后来在地块中间开掘腰沟，沟深 0.4 米，解决涝害问题。1976 年 8 月，大队科学试验小组在建一生产队进行排灌对比试验。1976 年 10 月，大队开始建设桑园自动喷灌系统，整个工程有喷灌机站 1 座，配备 55 千瓦电动机 1 台、8SH–13 型高压水泵 1 台和埋设预应力钢丝混凝土管道 9.1 千米，喷灌受益面积 325 亩，投资金额 9.35 万元。1977 年，安装 3 台流动喷灌。1978 年 1 月，大队 640 亩桑园，超过一半面积可以机灌。1981 年，大队在水电部和浙江省水利厅支持下，筹资 5.1 万元，对原喷灌系统进行全面改造，调换管道 2.1 千米，新埋设管道 1.3 千米。建成后，扩大喷灌面积 81 亩，共达 406 亩。从 1982 年开始，水电部在云龙村开展桑园喷灌试验。1984 年，大队在陈安寺自然村建造喷灌和自来水相结合的两用设施竣工。1990 年，喷灌系统停用。喷灌系统成本高，主要用于抗旱。一般桑园排灌基本通过沟渠完成。

第三章

养　蚕

云龙民间在长期的饲养实践中摸索出一套养蚕技术，也有一批认真细致、技艺精湛、养蚕绩效显著的蚕娘，俗称"蚕师傅"。各家各有养蚕的"秘诀"，技艺一般不外传，因此在养蚕时节，通常家家关门闭户，邻里不相往来。20 世纪 40 年代以后，云龙地方才有人把蚕桑科技知识应用到蚕农的养蚕实践中。

新中国成立后，养蚕业发展较快，云龙开始采用小蚕共育的方法饲养，待 2 眠或 3 眠后，再分散至各户喂饲，因此把集体养蚕室称为"共育室"。1955 年农业生产集体经营，成立高级农业生产合作社后，1956 年用温室以"高温干燥、多喂薄饲"的方法饲养小蚕。1965 年推行"炕床育"，1980 年以后推广"围台育"，大蚕期（3 眠"出火"后）提倡开门通风饲养。

云龙养蚕程序精细严谨，相比周边地区更具科学性。1973 年以后，作为浙江省农科院、浙江农大等单位的蚕桑科技试验基地，省内科技人员常到云龙大队做具体科技指导和饲养实验，逐渐形成一套科学的养蚕程序，并严格执行。1982 年分包到户以后，小蚕共育的饲养方式逐步变为家庭分散饲养，养蚕方式出现新的变化。

第一节 蚕 室

　　1956 年，建一合作社筹集 200 元，在陈安寺内修建灰幔顶，作为养蚕室。1958 年，云龙地方蚕业兴起，带动蚕室修建。1959 年云龙大队建制时，生产队养蚕仍大多借用民房作蚕室，选择结构较好的民房作为小蚕饲养的共育室，待蚕四五龄后分发到普通民房饲养。20 世纪 60 年代初，大队开始建造砖土混合墙、稻草顶的小蚕共育室。第十八生产队兴建蚕室，由社员自己提供稻草并砍来竹园中的竹竿，打泥墙、搭架子、盖稻草，都是社员自己动手。1962 年起建造砖木结构的简易蚕室。是年冬天，大队新建共育室 40 间，总投资约 3 万元。1964 年，第三生产队建造砖木结构的专业养蚕共育室 5 间，其他生产队也陆续建造共育室。是年开始，全大队的小蚕饲养基本上都在共育室进行。1962 年至 1965 年 4 月，云龙建成的各类蚕室有瓦房 107 间、草房 104 间。1968 年，大队获国家分配蚕室木材 2 立方米，各生产队结合利用本地生长的杂树、土竹等建筑材料建造集体蚕室。是年 5 个生产队新建集体蚕室 25 间，其中原第十七生产队养蚕室条件最差，只有 8 间草棚。1969 年，大队建起蚕室和储备粮仓 89 间。到 1973 年，全大队有集体养蚕室和仓库 700 多间。经过历年的蚕室建造，饲养条件得到改善，但春蚕期间，蚕室依然紧张，部分生产队尝试在室外凉棚下饲养。1974 年，启动建设蚕室与住宅相结合的新村农房，底层归生产队建造，平时为社员所用，二楼由社员建造，资金、材料自筹。1975 年，第六生产队建造第一家楼房蚕室。1976 年，第八生产队建造双凉棚楼房电气化蚕室，但没有启用。在大蚕饲养期间，云龙集体蚕室需求仍需借用部分农户住宅分养。1978 年 5 月，规划全大队 5 个片，建造新型现代化小蚕室 5 座，每座 1064 平方米，含贮桑室、饲养员集中膳宿房，可饲养 250 ～ 300 张一龄至三龄蚕种，采用电气控制加温，并配有降温、补温、通风、采光、灭菌等设备。至 1981 年 4 月，类似蚕室建成 27 座。1982 年下半年联产承包责任制以后，不再建设集体蚕室，原有集体蚕室被逐步拆除，个别转让给农户作住宅。至 1985 年，集体蚕室大部分被拆除。农户养蚕一般都在自己家里进行。至 2015 年，均为民房蚕室。

民房蚕室

云龙传统的住宅格局，是砖木结构的单进平房，堂屋前半部分占据大部分面积，后半部分略小于前面，称为"退堂"，前后之间有墙或板壁相隔，生产队养蚕就借用农户堂屋，前厅养蚕，退堂住人或贮藏桑叶。1958年前后，集体养蚕大多借用民房作蚕室，对结构较好的民房堂屋增开气窗，安装灰幔和老虎窗，便于透光、换气和保温。地火龙加温技术传入后，还增建地火龙，作为小蚕共育室。蚕四、五龄分发到普通民房饲养。1974年大队启动新农村住宅建设，将农户住宅统一建成二层楼房，楼底一般三开间，都作为壮蚕饲养室，在天顶楼板上预置升降蚕帘的铁环，在墙上设置收放蚕帘的铁架。蚕室与农户住宅很好地结合在了一起。1985年新农村住宅全部建成。2015 年，尚在使用的新农村建设遗留下来的民房蚕室住宅尚有 50%，新建农房大多都有利用厅堂养蚕的功能。

云龙十组徐家兜 16 号民房蚕室（2015 年摄）

草房蚕室

20世纪60年代初，新建集体专用草顶泥墙小蚕共育室。草房蚕室建造容易，投资少，适于小规模的饲养。这种草房蚕室为稻草屋顶、泥墙，天顶装有灰幔，墙上开窗，室内粉刷石灰，基本达到清洁、保温、透光和换气等技术要求。由于屋顶稻草厚、泥墙厚，对隔离太阳辐射热有良好的效果，春期小蚕容易保温，夏秋期较凉爽，适于蚕的生长发育，当时有"茅屋出高产"的说法。但是草房蚕室必须每年翻盖，防止稻草腐败，彻底消毒难度较大，缺点明显，至20世纪70年代末已被逐步淘汰。

简易蚕室

除民房、草房外，从1962年起，云龙大队开始建造砖木结构的简易蚕室，成为最早的集体蚕室。蚕室为小青瓦顶，室内无灰幔，纸筋石灰直接涂在椽子之间；砖墙，前后墙开窗，无小气窗或仅上方左右侧有小气窗；地面为夯实的泥地，安装有地火龙。蚕室正面设有外走廊。蚕室进深6米，每间宽3.7米，高约2.5～3米。

简易蚕室的主要优点是小蚕饲养的加温和保温都较容易，且无须常年翻修。但缺点更为显著，特别是隔热差，室内温度变化大，夏秋期间天气炎热，中午室温上升显著，夜间降温慢，通风不良，因此无法营造适宜蚕生长发育的室内小气候环境，对饲养大蚕和上蔟更不利。群众反映"洋房不如草房"，导致其后来被陆续拆除。以云龙十一队的简易蚕室为例，地面至墙顶高2.5米，每间蚕室深5米、宽3.7米，窗为1米×0.95米，门为2米×1.6米。建成以后，为克服室内太热的缺点，又在西南添建了固定凉棚，以帮助改善室内环境。简易蚕室随着蚕室的更新被淘汰。

规范蚕室

从1964年开始，云龙蚕室形式改进较大，建设规范蚕室。正面建1.5

米宽外走廊，蚕室进深 7.5 ～ 8.5 米，每间宽 4.2 ～ 4.3 米。室内天顶设灰幔，离地高 3.2 ～ 3.5 米，灰幔内放置菜子索、芦竹叶，增加隔热性能。南北墙开大窗，大窗上下左右四角开气窗，换气、透光和自然通风效果良好。地面用三合土夯实或水泥浇筑，并建有地火龙加热系统。室内适于两边搭梯形架放置方蚕匾，中间为操作道。1967 年以后，在原有基础上将外走廊的宽度扩大到 3.5 ～ 4.5 米，成为固定的瓦凉棚，减少南面太阳辐射热对蚕室温度的直接影响，在高温季节，再在固定瓦凉棚的屋檐下挂草帘，增强隔热效果。秋蚕期，凉棚下气温 32.2℃，蚕室内的温度为 30℃。宽阔的凉棚既能作为临时贮桑或雨天晾叶、安放蚕具、饲养员休息的场所，又可饲养大蚕和上蔟。规范蚕室比较实用，使用时间较长，一直到 1985 年才被拆除。

以云龙五队在 1965 年建的一座规范蚕室为例，蚕室坐北朝南，砖木结构，面阔 12 间，其中东侧 3 间为小蚕加温饲养所用，另有一大间又分成三小间为蚁蚕饲养所用，都配有地火龙设施，由蚕种张数决定小蚕室加温的间数。西侧 9 间为大蚕饲养室，高 3.4 米，开间 4 米，进深 8 米，门为 1.55 米 × 2.8 米，南北有窗，大小为 1.55 米 × 1.75 米，小气窗为 0.3 米 × 0.35 米；走廊宽 2 米，在走廊外建有宽 4 米的固定瓦凉棚。蚕室东西两侧各有一个贮桑室，呈半地下式，深约 0.6 米（见图 3-1）。

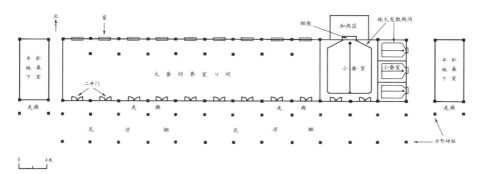

图 3-1　云龙五队规范蚕室平面图

楼房蚕室

1975 年，云龙第六、第十四、第十五生产队分别建造全公社首批楼房蚕室。以第六生产队蚕室为例，楼房分上下两层，面阔 10 间，进深 10 米，开间 3.8 米，前走廊宽 2 米，瓦凉棚宽 4 米，第二、四、八、十间开设 1.55 米 ×2.6 米的门，每间南、北墙开大窗 1.6 米 ×1.75 米，大窗四角的小气窗为 0.28 米 ×0.38 米，中间一间为楼梯。底楼东侧 4 间砌埋地火龙，烟道从墙内直通屋顶烟囱，走廊宽 2.7 米。楼下蚕室走廊外搭建凉棚，为防止夏秋期辐射热进入蚕室，在走廊外要临时挂草帘隔热。二层楼蚕室的东侧建有三间一层的贮桑室，半地下式，深约 0.6 米。楼房蚕室把贮桑室、饲养员宿舍和厕所等都合理安排在统一的蚕室中。2015 年，六组的楼房蚕室尚保存，但已被改造并改变用途。

第二节　蚕　具

基本蚕具

云龙盛放蚕体所用的器具，有蚕匾、蚕架、蚕台等。2015 年，这些传统蚕具绝大多数没有变化，仍在普遍使用。

蚕筐　竹编，也称筐，圆形，浅口有沿，底部呈网眼状。养蚕前用印有蚕猫的手工纸糊实用以养小蚕。头眠后，蚕体渐大，换用小蚕匾。筐的直径 0.67 米（2 尺）左右。

蚕匾　竹篾编制，分大蚕匾和小蚕匾，并都有圆匾和腰形匾 2 种，小蚕匾底部无网眼，为头眠后养小蚕用。大圆匾呈圆形，直径 130 ～ 140 厘米不等，四周有高约 7 厘米的竖边。腰形匾成椭圆形，四个小弧形角，面积比大圆匾小，长约 120 厘米，宽约 80 厘米，四周的竖边高 5 厘米。1962—1965 年，云龙购置蚕匾 4930 只。20 世纪 60 年代时大都用大圆匾，此后渐被腰形匾替代，并成为云龙养蚕的主要用具。2015 年，云龙养蚕以老人居多，因此，养大蚕也多用小蚕匾，大蚕匾逐步被淘汰。

腰形蚕匾（2013 年摄）

蚕架（2013 年摄）

　　蚕架　又称为蚕橱、蚕植，为云龙传统养蚕用具，是一个平放的
"T" 形梯状架子，用以放置蚕匾，也有大小之分，分别放置大小蚕匾。
木质，高约 180 厘米，正面的 2 根立柱之间有 10 根或 9 根木横档连接，
宽度 150 厘米左右，与大圆匾的直径相适应，分为 9 ~ 10 层，可容纳
9 ~ 10 张蚕匾，最多的有 13 层，每一层高度为 10 厘米左右。在蚕架背
面，有与正面成垂直角度的立柱，有横档分别与正面的横档垂直连接，
横档的长度约是正面横档的一半。每一层横档与正面横档均以转轴连
接，需放蚕匾时，将背面立柱展开，成为三足鼎立的立方形。不用时，
将背面立柱折拢，成为一个平面的长方体，可靠墙叠放，以减少空间占
用。这种蚕架在云龙使用时间最长，至 2015 年，依然沿用。

蚕台　云龙的蚕台是在大蚕分养的时候临时搭建的，主要材料有麻杆帘、竹竿、绳索、元宝箍、细麻绳等。先将长竹竿结扎固定成一个长方形的框架，长度与蚕室的进深相适应，约4米，宽度约140厘米，铺上宽度为140厘米左右的麻杆帘，成为蚕台的一层，在层面

用麻杆帘蚕台饲养（20世纪70年代摄）

的上方20厘米左右，再依样衔接一层，一直往上搭建到7层。集体养蚕时期，云龙的麻杆帘蚕台大多是离地悬挂在屋梁上的，给桑喂饲的时候放下来，饲后再吊上去。1962年，第三生产队实行稀养稀放，蚕匾不够用，蚕具不足，于是就地取材，用麻杆做成蚕帘或简易蚕匾，是年打制麻杆帘50条代替蚕匾。1982年分包到户以后，悬挂式蚕台取消，改为落地搭建的多层蚕台。2015年，大多采用此种蚕台。

辅佐蚕具

有油纸（薄膜）、防干纸、叶刀、叶墩头、炭火盆、蚕网、防蝇网、鹅毛、蚕筷、压帘架、结网架等。

防干纸　有防水涂层的养蚕专用纸，能保温保湿，在小蚕饲养阶段使用。

叶刀　用于切碎桑叶的工具。小蚕期间，桑叶须切碎才能喂饲。与家庭常用菜刀相同，故云龙蚕农使用的叶刀大部分都是盐官百年老店周顺兴的产品，20世纪七八十年代大多是钱塘江刀具厂生产。2015年，已基本不再使用。

叶墩头　切桑叶时垫的砧板。以绳子或竹篾将去除草壳的清白稻草芯捆扎结实，呈圆桶形，上下两面切齐修平整，形如墩头。切桑叶时没有响

叶墩头（2013 年摄）

声，不至于惊动小蚕。直径约 48 厘米，高约 20 厘米。2015 年，已基本不再使用。

蚕筷 竹筷，比吃饭的筷大，头尖，用以夹蚕。主要用于夹出整批上山前还需要继续吃桑叶的"青头"和不会做茧子的"亮头"，浙江农科院和浙农大专家在云龙提出"一天一扩"的技术，也使用蚕筷。2015 年，云龙蚕农大多不再使用传统的蚕筷。

火缸 养小蚕时室内加温用。黄砂泥陶器，圆形敞口，无颈，斜腹，平底无孔。口径 50 厘米，底径 20 厘米，高 30 厘米。使用时放柴炭、砻糠、木屑等物闷烧，产生热量。20 世纪 60 年代初期使用"地火龙"后，逐渐被淘汰。

炭火盆 比火缸小，中有夹层，出 5 个小孔，底部有洞可通风，似煤球炉。一般置炭燃烧。高约 10 厘米，口径约 15 厘米。为小蚕饲养加温用具，也用于蔟室加温。20 世纪 60 年代初期使用"地火龙"后，逐渐被淘汰。

火钳 铁制，蚕室加温夹炭火用。

蚕网 饲养过程中清除蚕沙用具。有小蚕网和大蚕网之分。小蚕网可在市场购买；大蚕网为农户以细草绳在专用的蚕网架上编结而成，方形，长约 120 厘米，宽约 120 厘米，布满约 100 个网格，蚕三龄以后使用。

防蝇网 挂在蚕室门窗上防止苍蝇飞入蚕室的用具。棕色，麻质，网眼以苍蝇钻不进为度。

鹅毛 一般选用白色鹅毛，在蚁蚕的饲养期间，利用鹅毛对乌蚁（指刚孵出的幼蚕）进行扩散、补叶、平整和收拢等，鹅毛可减轻蚕体损伤。

大蚕网（2013 年摄）

上蔟用具

有三脚马、禾帚把与山棚、伞形蔟、蜈蚣蔟、方格蔟等。

三脚马 在大树上截下直径 10 厘米左右的树杈，在树杈的相交处打一斜孔，再找另一根树枝一端做出榫头插入斜孔，便成了三脚马。因小孩常当马骑玩，故名三

三脚马（2015 年摄）

脚马。三脚马具有稳定性和经济实用性，房前屋后找棵树锯下树杈就可做成。三脚马可用以架设圆形竹木材料，不容易翻滚，是修整木柱和造房檩条的最佳用具，也是架设竹竿，铺上麻杆帘，用于饲养大蚕或上蔟的简单用具。

禾帚把与山棚 20 世纪五六十年代，云龙人使用禾帚把给蚕上山，俗称茅帚柴。禾帚把的制作流程是选取当年收割的清白稻草，用专用的钉耙

去除稻草外壳和杂物，剪去穗部，在靠近根部、约占整个柴把 1/4 处用力扎紧成直径 6 厘米左右的圆把状，高度约 60 厘米。蚕熟上蔟时，在室内排列木制或竹制的三脚马，上面架上毛竹，形成离地 70～80 厘米的高度，在毛竹上面铺麻秆帘，再在麻秆帘上面置放禾帚把。用手将草把下部旋转后插入麻秆帘，使上部的草秆充分展开，草把与草把相互交错，搭成"山棚"，熟蚕就在草秆丛中结茧。这是云龙人使用比较早的方式，因下脚茧子比较多，后来逐渐被蚕农淘汰。1982 年分包到户以后，禾帚把被蚕农重新使用。

伞形蔟 从 1964 年开始，云龙将禾帚把改为伞形蔟、蜈蚣蔟上山。伞形蔟比禾帚把小，截取清白稻草约 60 厘米，30 根左右为一把，拦腰拴结，上蔟时齐腰旋转后两头朝下成伞状。20 世纪 70 年代以后普遍使用，是云龙使用最广泛的上山方式，至 2015 年仍在使用。

蜈蚣蔟采茧（1977 年摄）

方格蔟采茧（20世纪70年代摄）

蜈蚣蔟 1964年开始使用。由2根细稻草绳配合绞机，边绞边在两绳中间嵌入25厘米左右长的理净短稻草，呈蜈蚣状，熟蚕在丛中结茧。由于存放不便，比较少用。20世纪70年代以后虽仍少量使用，但没有全面推广。

方格蔟 1976年引进试验，并开始试用，是用硬纸板或塑料制成的方格，上山的蚕基本占据一格，对提高上茧率、保证茧形匀整和茧色洁净、减少双宫茧等都优势明显，但由于效率不高，后来没有在云龙全面推广使用。

收茧用具

有茧篮、烘茧盘、扛篮等。

茧篮 用毛竹制作而成。用于存放茧子，然后把茧篮交叉相叠摆放在茧库中。略小一点的茧篮用于质检时抽样所用。大茧篮直径46厘米、高26厘米，小茧篮直径35厘米、高15厘米。

烘茧盘 用毛竹制作而成，方形。由盘框和盘底构成，盘底呈网孔结构，孔径比蚕茧略小。在烘茧盘中放置鲜茧进行烘烤，使蚕蛹不能孵化出茧壳。烘茧盘边长80厘米、高4厘米。

扛篮 因是需要两人扛着走的大篮，故名。扛篮用毛竹制作而成，椭圆形，两头略上翘。用于茧站收购茧子时称重。长 140 厘米，宽 85 厘米，高 45 厘米。

茧篮、烘茧盘、扛篮
（2015 年摄）

采桑工具

有桑剪、叶箩、叶筐、桑梯等。

桑剪　春蚕时节剪桑条、采叶和冬季给桑树修剪整理枝条的工具，以铁打制，比剪刀大而坚实。

叶箩　当地称长箩、桑箩，盛放、运送桑叶的大竹筐，也用于盛放蚕茧和售茧。呈圆柱形，上口略大于底部，上口直径约 60 厘米，高 75 ～ 90 厘米，底部直径约 50 厘米。自底部往上十字交叉串上绳子，以两只为一对，可以肩挑。

叶筐　俗称筶箩、发篓，竹编，圆形，中间略鼓起，高 40 ～ 45 厘米，上口直径 35 ～ 40 厘米，底径约 20 厘米，上部一侧有一个把手，可以系上绳子拴在腰间。小蚕饲养期用叶量不大，用于桑地采摘临时存放桑叶。

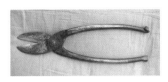
桑剪（2015年摄）

叶筐（2013年摄）

叶箩（2013年摄）

桑梯 两面撑开，四脚落地，可在平地上独立支撑摆放。以前桑树都比较高，因此用于采摘较高桑树枝条上的桑叶。20世纪六七十年代以后，桑树培育趋向低矮，采桑已不用桑梯。

培桑农具

垦地铁耙 桑园垦冻地、掘粪潭浇肥时使用。

摊地铁耙 又称铁扎，将桑地摊平，埋粪潭时使用。

提沟铁耙 从地里提上土来，在疏通桑园中的地沟时使用。

刮子 即锄头。桑地除草、松土时使用。

桑锯 修整桑枝时使用。

粪桶、料子 给桑地施粪肥及其他肥料时使用的木桶、勺子。

扁担 有木制、竹制两种，挑粪桶、叶箩等用，使用比较广泛。

贮叶用具

有蚕帘、围席等，均是用于贮放桑叶的器具。

藤飧筷 小型盛器，形状似脸盆。全部用藤条（柳条、笆斗藤一类）编成，密缝，水迹仍可流出。专用以盛放切细的嫩桑叶，也用来捉熟蚕上蔟。直径 40 厘米，高 10～15 厘米。20 世纪 80 年代后已用一般的淘箩、蒸篷、脸盆等代替。

蚕帘 云龙是络麻产
区，蚕帘就地取材，以去
皮晒干后的络麻秆作为主
要材料，以草绳或麻绳作
为经线经过压帘架编制而
成，因此又叫麻秆帘。每
条长约 3.5 米，宽约 1.5 米。
可平铺于地上或用长凳、
竹子架空平铺，在帘上存

麻秆帘（2015 年摄）

放桑叶，也用于搭建升降蚕台，或在蚕室外面作门帘、窗帘和走廊遮阴用。
一般都是就地取材，由农户自制。

围席 是用竹子编织
的产品，俗称"领条"。
长 4.5 米，宽 0.8 米，地上
放一蚕匾，在蚕匾的口沿
内侧放置围席，围成一个
圆圈，起到墙体的作用，
用于贮存桑叶，也可存放
蚕沙等其他东西。云龙附
近有专门制作的作坊，也
有请竹匠师傅上门制作的。

围席（2015 年摄）

消毒用具

云龙养蚕用于消毒的用具主要有筛子、喷雾器等，均从生产资料商店购买。

筛子 是给蚕体消毒用的。用毛竹片围成圆形，直径25厘米，高10厘米，一面设置细小孔的网片。使用时在筛子里倒入粉剂

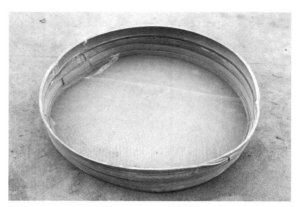
筛子（2015年摄）

消毒品，左手拿起筛子，右手轻拍筛子，同时移动筛子，使得筛子里的粉剂消毒品均匀地撒在蚕体上。粉剂消毒品主要有漂白粉、防僵粉、防病1号等。

背包式喷雾器 是较大型的消毒器具，将配比好的消毒液灌入喷雾器内，由蚕农背在背上，一手用一侧的压气杆打气，增加压力；一手持喷雾头，对蚕室、桑叶等喷洒消毒液。

简易式喷雾器 直筒型，比较小，一般需两人操作，一人将喷雾器放入有消毒液的木桶等容器内抽压，另一人持喷头喷雾，使用比较方便。至2015年，主要使用简易式喷雾器消毒。

简易式单管喷雾器
（2014年摄）

其他用具

有烘茧架、土丝车、摇车、经布器等。烘茧设备一般是设在茧站内的专用设备，用高大分层的铁架子组成，茧子可存放在架子上经过高温烘干。土丝车、摇车、经布器都是云龙农村常用的传统缫丝、纺线、织布器具。

土丝车（2014年摄）

土丝车由三部分组成，前为硬灶（亦称行灶），作生火煮茧之用；中为抽丝木架，架上装有抽丝扣、缠丝小轴（俗称"响蝉"）和拉丝杆等小件；后为盘丝木架（亦称搲片），木架旁设传动踏板为动力。土丝车大多是由农户请木工师傅制作。20世纪80年代以后除了烘茧设备，其他已经很少使用。

第三节　采桑　贮桑

桑叶采摘

　　云龙在集体养蚕期间，采桑与农事安排有序。蚕五龄第3天大田插秧结束，集中劳动力采叶。第五龄饷食正值夏收夏种结束，劳动力又帮助采叶。中秋蚕饲养结束全部劳动力帮助剥黄麻，然后根据情况决定晚秋蚕饲养。从1964年起，春叶采摘采用提早夏伐，控制疏芽数，争取多留条，促使条直而长，减少卧伏条，每拳留条3～4根，为夏秋叶增产打下基础。1965年，大队饲养早秋蚕以后，在用桑叶上，分期分批地采用枝条上的成熟叶，提高用桑质量和利用率。早秋蚕饲养量控制在春期的50%，采叶不会对下一年的春蚕用叶造成影响。一般采摘桑叶以早上为主，同时做好保鲜贮藏，傍晚补充采摘。1982年下半年联产承包责任制以后，桑叶采摘由农户根据养蚕情况自行安排。之前以尖头荷叶白为主的桑叶采摘，都需用

集体采叶（20世纪70年代摄）

采叶（20世纪70年代摄）

剪刀剪叶，效率不高。2004年桑树品种大部分改为"农桑14号"以后，采桑改为掰摘，效率提高，劳动量降低。

贮桑室

云龙在集体养蚕初期，当蚕到五龄分发到民房饲养以后，桑叶堆放在各户堂前，用领条围护，没有专门的贮桑室，因此常发生桑叶变质和病原感染。1962年以后在建造集体蚕室过程中，开始配套建设贮桑室。各生产队把贮桑室建成半地下室，以泥墙草顶居多，也有部分砖墙瓦顶。墙厚约0.5

米，高约 1 米，地下挖深 0.45 米。墙的地面以上部分开小气窗，室顶用稻草覆盖，顶下有灰幔，也有以铺麻杆帘来隔热的。地面浇水泥或铺砖。每一熟养蚕结束，把砖取出清洗。室内面积在 40 ～ 50 平方米，南北走向。1962 年至 1965 年 4 月，云龙建成贮桑室 85 间。1982 年实行家庭联产承包责任制以后，至 1985 年，集体贮桑室基本被拆除，贮桑室均在民房内自行解决，大多以退堂间作为贮桑室。

六队贮桑室 1974 年与楼房蚕室一起建造，为楼房半地下室，上作饲养员宿舍，砖瓦水泥结构，凉棚宽 2 米，室内进深 8 米，每间宽 3.8 米，高 2.5 米，其中地下部分 0.7 米，第二、四间设门 1.3 米 ×1.7 米，第一、三、五间南墙及北墙每间开横窗 1 米 ×0.78 米。

十五队贮桑室 1975 年建造，靠在楼房蚕室的东首，为便于楼上楼下蚕室的用叶，底层和二层都设有贮桑室，第三层则为饲养员宿舍。底层贮桑室地面挖沟 0.85 米，走廊 1.6 米，进深 8 米，高 3 米，南墙开大门 1.5 米 ×1.8 米，小门 0.83 米 ×1.8 米，窗 1 米 ×0.9 米。楼上贮桑室每间设门窗，门 0.85 米 ×2 米，窗 1 米 ×1.2 米。

第四节 养蚕布局 蚕种

布局改革

1964 年以前，云龙一年养蚕三熟，分别为春蚕、夏蚕、（中）秋蚕。每张蚕种的单产低，亩桑产茧量不高。从 1965 年开始，对饲养布局进行调整，实行春蚕分二批养，夏蚕适当养，改一秋蚕为三秋蚕，增养早秋蚕，养足中秋蚕，根据桑叶情况安排养晚秋蚕。实行全年三期五批饲养布局，充分利用桑叶，做到桑种平衡，同时缓解了劳力和蚕室、蚕具紧张矛盾，产茧量显著提高。是年，亩产蚕茧比上年增加 24.45 千克，其中秋蚕亩产增加 16 千克。三秋蚕总产 20.57 吨，是春蚕的 88.2%，比未改革前增长一倍以上。1967 年，三秋蚕是春蚕的 42.5%。至 1970 年，上升到 92.6%。1976 年，调整秋蚕三期布局，秋茧总产占全年产茧量的 50.1%。是年春茧总产 46.59 吨，秋茧总产高达 56.11 吨，秋茧超过春茧 20.4%，出现秋蚕超春蚕的新局面。1982 年，春茧总产 44.56 吨，三期秋茧总产 53.75 吨，布局仍以三秋蚕为最重。1997 年，由于早秋蚕期间气温高、打药水难、茧价低等因素，养蚕布局进行调整，取消早秋蚕饲养，全年饲养春蚕、夏蚕、中秋蚕、晚秋蚕三期四批。当年夏茧比上年增产 20%，中秋茧增产 72.4%，晚秋茧增产 101.5%，总产量比上年仍增长 20.2%。1999 年，蚕茧总产量一度下降。至 2015 年，保持全年饲养春、夏、中秋、晚秋三期四批布局。

蚕种

云龙地方在清代以前，本地蚕种由蚕农自制，采茧时选个大、坚实的好茧，待蚕蛾羽化后配对产卵制成土蚕种，供下一年养殖。康熙年间，引入余杭种，称为客种。光绪年间，在余杭种基础上培育出改良种，亦称洋蚕。至新中国成立初期，周王庙一带均以余杭种为主，主要有白皮蚕、出角花蚕、四眠蚕、三眠蚕等。

1958 年，海宁县在钱塘江、长安等公社合办蚕种场，生产的蚕种供应本地农村养蚕。蚕种场制种采用杂交方式，品种有"瀛汗 × 华 8""苏 16× 苏 17""杭 7× 杭 8""东 34 × 苏 12""华合 × 东肥"等。至 20 世纪 80 年代后，又推广"薪杭 × 科明""蓝天 × 白云""菁松 × 皓月""浙蕾 × 春晓""秋丰 × 白玉"等新品种。1997 年以后，都用"秋丰 × 白玉"，且春、夏用同一个品种，至 2015 年未变。

焐种

1958 年以前，云龙地方的蚕农基本都是自己焐种。每年清明前后桑树发芽长叶时，农家开始"焐"蚕种。取出上年自制的土蚕种，将蚕种纸在盐水中稍微浸润一下，随即揩干，包在棉纸里，俗称"浴种"。然后就将蚕种焐在蚕娘贴身内衣里，夜间放在床上枕头下，用体温"焐"蚕种，要焙三四天，俗称"暖种"。之后即进入孵化期，经 8 昼夜左右，打开包布察看，蚕卵（籽）呈青色，少量卵上有黑点，便是幼蚕（称乌毛、乌蚁）将出，即将蚕种纸展开，放在蚕箔里，底下燃炭盆适度加温，四周用布幔围住遮风，过一夜，进行孵化。乌蚁孵化时，采来嫩桑叶用刀切成细丝，将野蔷薇花叶焙燥揉细拌入，一并均匀撒布在上面，谓之"引青"。乌蚁嗅到香气，纷纷爬上叶面。24 小时后，幼蚕出齐，用鹅毛将幼蚕轻轻掸刷在棉纸（蚕花纸）上，称为"收蚁"，并开始精心饲养。从 1958 年起，改由蚕种场发种，传统焙种基本消失。

发种

1958 年以后，云龙的蚕种由蚕桑专业部门定时下发。1965 年调整养蚕布局后，春蚕每年 4 月 26 日左右发种，一般在下午三四点钟，相隔 7 天发第二批种；夏蚕 6 月 20 日左右发种，饲养量是春蚕的 25%；早秋蚕 7 月底发种，饲养量是春蚕的 50% ～ 60%；中秋蚕 8 月底 9 月初发种，饲养量是春蚕的 80% ～ 90%；晚秋蚕在 9 月底 10 月初发种。1982 年以后，蚕种由云龙村统一向海宁蚕种场领取后发种，数量由每户农户申报。1990 年以后，除了村统一发种外，有外来蚕种传入，大部分来自德清一带。

补催青

1958 年以后，蚕种由县蚕桑技术部门分区域集中催青，云龙以生产队为单位到催青室领蚕种。领回的蚕种被种到生产队小蚕共育室后，先将蚕卵摊在蚕匾中铺有防干纸的白纸上，上盖压卵网，再通过温湿度调节进行补催青，促使蚕种一日孵化率提高。1982 年家庭联产承包责任制后，至 2015 年，云龙养蚕由农户自行负责补催青。

第五节　饲　养

饲养量

1960 年，云龙大队全年饲养蚕种 1616 张。1961 年，下降到 1074 张，为历年最低。1966 年，在布局调整后，全年饲养蚕种上升到 1872 张，此后每年不断增加，1967 年超过 2000 张，达到 2035 张。1972 年，又出现较大增幅，饲养量达到 2609 张，次年又增加 311 张，达到 2920 张。1974 年超过 3000 张，1975 年达到 3417 张。1982 年，云龙村全年饲养蚕种 3213 张。1984 年，提高到 3729 张，此后不断增长，1991 年，突破 8500 张，1992 年，达到 8925 张，为历年饲养蚕种最多的一年。此后上下浮动不稳定，至 2012 年，跌至 3000 张以下。2014 年，只饲养 1907 张蚕种。2015 年，为 1513 张（见表 3-1）。

表 3-1　云龙大队 1960—2015 年饲养蚕种数量表

（单位：张）

年份	张数	年份	张数	年份	张数	年份	张数	年份	张数	年份	张数
1960	1616	1970	2252	1980	3025	1990	7285	2000	5573	2010	2531
1961	1074	1971	2343	1981	3238	1991	8551	2001	6228	2011	3544
1962	1178	1972	2609	1982	3213	1992	8925	2002	6926	2012	2752
1963	1380	1973	2920	1983	3156	1993	8761	2003	5685	2013	2151
1964	1278	1974	3125	1984	3729	1994	8369	2004	4066	2014	1907
1965	1477	1975	3417	1985	4347	1995	8624	2005	5628	2015	1513
1966	1872	1976	3163	1986	4915	1996	5378	2006	4950		
1967	2035	1977	3162	1987	4418	1997	5608	2007	5725		
1968	2150	1978	3237	1988	5147	1998	6071	2008	4530		
1969	2143	1979	3218	1989	5973	1999	4354	2009	3188		

饲养方式

小蚕饲养　20 世纪 60 年代，云龙改革小蚕饲养方法。1963 年以前采用高温干燥、多喂薄饲的养蚕方法，蚕茧张产很低，春蚕在 20 ～ 22.5 千克，秋蚕在 10 千克左右。1964 年大队推广防干纸育，每天给桑次数减少，实行稀放。此后发展采用小蚕炕房育和炕床育，每天给桑次数再次减少，更需稀放。1968 年，采用塑料薄膜围台育的养蚕技术，在整间蚕室四周围上塑料薄膜，中间贯通"地火龙"加温，散热沟上方铺上沙子，放有幼蚕的蚕匾直接置于室内。这一技术促进了云龙大队的大规模饲养。1982 年家庭联产承包责任制后的三年左右，小蚕饲养依然保持共育方式。1985 年以后，少数农户联合进行小蚕饲养，但大部分都自行饲养。自行饲养小蚕，炕上育基本被淘汰，"地火龙"也很少使用，而采用一种新的俗称"天火龙"的方式，以自制的取暖设备加上塑料薄膜围护，原理与围台育差不多。1998 年，部分条件比较好、饲养蚕种不多的农户改用电炉取暖。至 2015 年，村民大多用电炉取暖饲养小蚕。

大蚕饲养 大蚕期蚕体不断增大，每张蚕种分在 30 只左右蚕匾中饲养。云龙集体养蚕时期，因共育室无法容纳，只能分到农户家中饲养。1976 年，全大队每张种蚕座最大面积平均达到 33.33 平方米，即相当于大圆匾 28 只。农户大部分搭建多层悬挂式蚕台，并就地取材，用麻杆做

大蚕饲养（1977 年摄）

成蚕帘，让大蚕稀放饲养。每年春蚕大蚕饲养期间，全大队 30% ～ 40% 的农户家中都养蚕。20 世纪 90 年代以后，多层悬挂式蚕台基本被淘汰，改用蚕匾或蚕帘落地搭建多层蚕架的饲养方式。蚕种多的农户直接在地上铺设蚕帘，称为"看（养）地蚕"，这样饲叶速度快、效率高。2014 年春蚕开始，市蚕桑站试点试验，将以新型饲料喂饲的小蚕到达二龄期后提供给农户，由农户喂饲桑叶，主要集中在云龙村十组，茧子由蚕桑站统一回收。

蚕室温湿度控制

地火龙　春季小蚕饲养，蚕室需要加温。云龙传统的蚕室加温使用炭火盆。20 世纪 60 年代初期，"地火龙"传入云龙。"地火龙"为小蚕室内的加温系统，由加热区、散热沟和烟囱等组成。加热区位于蚕室的北侧，半地下式，上面搭有一个小披屋，下面离地表深约 1.6 米，用树柴在火膛中燃烧，柴灰落在漏灰处，火膛上面置一小锅，蚕室要湿度时在小锅中盛

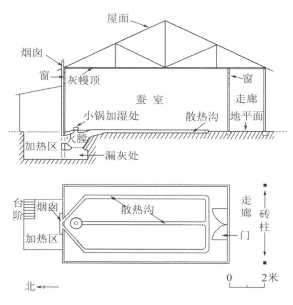

图 3-2　"地火龙"结构图

水，让蒸汽为蚕室补湿，达到湿度要求时用砖块和稻柴泥封死。"地火龙"的散热部分建在蚕室内部，在室内地面中间开掘宽 18 厘米、深 12 厘米的散热沟，纵贯室内，又沿着墙壁往上穿过屋顶，上接烟囱，排出加热过程中产生的烟气。沟底和沟的两壁用砖块砌护，上面也用砖块铺平，略高于蚕室地面，中间的空间便于热量通过。室内的散热沟穿过墙壁通往室外，室外紧靠墙壁有类似于柴灶的炉膛，加热时以树柴为燃料，灶膛燃烧柴火产生热量，通过地火龙的沟渠传输到室内，起到提高室温的作用。后期生产队蚕室规模大，有以煤炭为燃料的。

民房内"地火龙"则因地制宜而建。20 世纪 70 年代以后，规范蚕室面积扩展，建房时一并设计建造"地火龙"。一般 7 间房，靠东或靠西一侧的 4 间安建"地火龙"成 W 状贯通房间，作为饲养小蚕的空间。1985 年以后，"地火龙"全部被淘汰。

天火龙　1983 年以后，云龙村养蚕以家庭为单位，"地火龙"逐渐被淘汰，农户用废弃的柴油桶改装成取暖装置，置于屋子中间，里面以木屑生火发热，上面用长烟道引出，四周以塑料薄膜围护，围护空间内温度可以控制。这种设备制作简易、搬动灵活，很适合以家庭为单位饲养小蚕，受到农户普遍使用。

温湿自动控制器　简称电炉。1998 年以后，云龙出现用电炉取暖，对蚕室温度控制更为便捷、安全。至 2015 年，云龙村 80% 以上农户使用电炉进行加温加湿取暖。这种新型先进的产品虽然用电容量大，但能降低劳动强度，促进增产增收，并且环保。以每台 1.5 千瓦、小蚕加温时间 10 天计算，全村共使用电能约 300 万度，可节约 1200 吨标准煤，减少 299 吨二氧化碳和 816 吨碳粉尘排放。

饲养管理

在集体养蚕时期，从领回蚕种开始，云龙蚕室便配备值班人员观察蚕室内温度与湿度。一般一个生产队的小蚕共育室，配备 5～8 名饲养员，夜晚 2 人轮班随时观察。1963 年，第三生产队共育室配备 5 名饲养员，并且明确每一名饲养员的职责，除一人为室长负总责以外，温度、桑叶、卫生消毒等都落实到人。1982 年家庭联产承包责任制以后，云龙村蚕室饲养管理由农户自行安排，互相交流取经，管理更为多样化、简约化。

防病消毒

1958 年以前，云龙地方的蚕常发生僵病、脓病和空头病。1962 年，云龙大队第三生产队开始实行蚕室、蚕具彻底消毒，蚕病状况明显好转。1964 年每期蚕饲养前，全大队对蚕室、蚕具彻底大清扫，并使用药剂消毒。饲养过程中，对每龄起蚕和龄中蚕进行蚕体蚕座消毒，有效杀灭病原，减少发病，蚕病基本得到控制。秋蚕期气温高、叶质差，更容易暴发蚕病。为了避免高温，推迟饲养，结果叶质老化，桑园病虫害增多，蚕病照常暴发。是年，春茧张产 31.4 千克，夏茧 24.05 千克，中秋和晚秋茧分别为 19.15 千克和 29.1 千克。1965 年春茧 37.35 千克，夏茧 30.4 千克，早秋茧 28.85 千克。1968 年开始蚕茧产量不稳定。1970 年夏蚕消毒不彻底，引起蚕病。1971 年中秋蚕期，早晨采叶吃一昼夜，贮桑时间过长，叶变质，小蚕昼夜

养蚕前蚕匾曝晒消毒（1977 年摄）

云龙徐家兜村民
春蚕前清洗蚕匾
（2015 年摄）

吃湿叶，造成体质虚弱。五龄第 4 日起发病，张产只有 20.9 千克。消毒防病也未做好，连续两年引起大蚕暴发蚕病。1972 年开始，大队加强消毒措施，养蚕前把蚕室、蚕具彻底消毒；养蚕过程中做好"三防"，即防蝇、防蚂蚁、防中毒；养蚕结束后回山消毒。春茧张产稳定在 45 千克上下，夏秋茧稳定在 30 千克以上。

采茧结束后，进行后期蚕室蚕具清扫消毒，凡养过蚕的蚕匾和各种帘子全部运到河边或池塘，用扫帚在水中清洗，叫作"剿匾"，然后晒干，存放在蚕室通风洁净的地方，待下一熟养蚕时再用。1982 年以后，蚕农基本保持传统消毒方式。随着生活条件的改善，家庭楼房建筑越来越讲究舒适，蚕室条件也比以前好很多，因此消毒相对简单一些。

第六节　上蔟与采茧

上蔟方式

春蚕养足 26 天左右，就要上蔟，俗称"上山"。云龙的传统上蔟方式，为室内用"三脚马"架上竹木桁条，临时搭建棚架，上铺芦帘，插上"茧子柴"即成，因高出地面超过 100 厘米，故称"山棚"。"茧子柴"先后有禾帚把、伞形蔟、蜈蚣蔟、方格蔟。20 世纪 60 年代初期，用禾帚把搭山棚供蚕结茧。从 1964 年开始，大部分生产队将禾帚把改为伞形蔟和蜈蚣蔟。

挑选宽敞通风的屋子，搭建架子，上层离地 80～100 厘米高，铺上麻杆帘，帘上放置伞形蔟；地面铺上稻草，也放置伞形蔟。这样的两层上蔟，可提高房屋利用率。1976 年引进方格蔟。上蔟时，将熟蚕从蚕匾中捉出，轻轻撒在"茧子柴"上。为让山棚干燥，撒上砻糠煨成的焦糠灰。上蔟后如气温较低，在山棚下放置木炭盆加温。三天后，蚕吐丝裹白成茧。六天后，茧内蚕化为蛹，摇之有声，即可采茧。采完茧的伞形蔟经摊晒后，重新分送到农户家中各自保存，来年仍可使用。

1982 年以后，大多重新采用禾帚把上蔟，但不再搭建山棚。至 2015 年，主要采用禾帚把直接放置在地上的方式上蔟。

蔟中管理

20 世纪 60 年代后期，采取"适熟稀上"，改多层上蔟为单层上蔟，蔟中熟蚕损失减少，上茧率得到提高。上蔟期间，生产队全体劳动力把分散在各户的禾帚把或伞形蔟集中到上蔟场地，除了铺设上蔟设施以外，大部分劳动力从事"捉蚕"，即把蚕匾内或蚕台上的蚕捉到抽屉、脸盆或其他容器内。捉蚕时剔除病蚕。容器放满后，在蚕体上撒消毒粉，然后用手把蚕轻撒在蔟具上。蔟中管理关系到丰产、丰收及茧质的提高，所以上蔟 3 昼夜后，应开门开窗通风排湿。

采茧子

蚕上蔟后一周左右即可采茧。采茧时，从外到里，取下蚕棚上结满茧子的蔟具，逐个采摘。同时备好多个容器，根据蚕茧不同质量分别放入相应的容器中。茧子按蚕茧色泽、外观形状等，一般分为好茧、双宫茧、黄斑茧、印头茧。好茧即茧形完美，颜色洁白的蚕茧；双宫茧茧形大，一个茧内有两个蚕蛹；黄斑茧茧体上带有黄色蚕尿渍色斑；印头茧的蚕茧一端较薄，茧内蚕蛹已经溃烂，污渍浸透茧层。采下的蚕茧，放在竹箩中称量，与大眠头的重量比算，一斤大眠头采 8 斤茧的，俗称"老八分"，即是蚕农祈盼的蚕茧大丰收。茧子盛放在叶篰中，中间插一小把稻草便于透气，每一篰茧子约重 35 千克。

云龙十二队饲养员贝妙仙等在采茧子（1977 年摄）

第四章

蚕 茧

第一节 产 量

1949年，云龙一带每亩桑地产茧量18.5千克左右，养蚕规模很小。以第三生产队为例，该队共16户，除1户地主以外，其余农户均没有能力养半张春蚕种。1957年，蚕茧总产量449.5千克。1958年，开始大力发展蚕业，当地蚕茧总产量约15吨，其中第三生产队蚕茧总产量187.63千克。1959年，云龙大队蚕茧总产量20.2吨，其中第三生产队蚕茧总产量375.13千克。1960年，云龙蚕茧总产量19.83吨，第三生产队蚕茧总产量474.38千克。1961年大队蚕茧总产量9.68吨，亩产茧14.6千克，第三生产队蚕茧总产量279.5千克。1962年，整顿蚕茧生产，

蚕茧丰收（1977年摄）

大队蚕茧总产量比上一年增长了 108.2%。1963 年，总产量 23.91 吨。1964 年，大队蚕茧总产 33.74 吨，亩产茧突破一百斤。1965 年，实施养蚕布局改革。蚕茧总产 48.29 吨，亩产增加到 75.35 千克，比上年增加 24.45 千克。三熟秋蚕总产 20.57 吨，比养蚕布局改革前大幅增长。此后逐年有一定增幅。

1964 年至 1970 年，云龙大队春蚕张产 32.5～40 千克，秋蚕张产 20～25 千克。1970 年，建一生产队 95 亩桑园，亩产蚕茧 142.5 千克，创造当时历史最高产量。1971 年在蚕桑科学试验小组指导下，大队亩桑产茧 118.5 千克，春茧张产提高到 46.65 千克（见表 4-1）。此后春蚕张产稳定在 42.5～47.5 千克，秋蚕张产稳定在 30 千克左右。

表 4-1　1971 年云龙大队蚕茧生产情况

生产队名称	蚕茧合计			春茧			夏茧			秋茧		
	张数（张）	张产（千克）	总产（吨）	张数（张）	张产（千克）	总产（吨）	张数（张）	张产（千克）	总产（吨）	张数（张）	张产（千克）	总产（吨）
合计	2343	32.35	75.88	854	46.7	39.83	235	32.18	7.56	1254	22.6	28.49
建一	429	33.79	14.5	156	47.31	7.38	44	33.75	1.48	231	24.35	5.63
民一	549	33	18.12	207	46.42	9.61	51	32.4	1.65	291	23.55	6.86
民二	403	29.1	12.04	148	45.92	6.8	43	29.24	1.26	210	18.95	3.98
民三	611	32.65	19.97	220	46.26	10.18	60	33.35	2	331	23.55	7.79
民四	351	32.05	11.26	123	47.73	5.86	37	31.49	1.17	191	22.1	4.23

1972 年，大队蚕茧总产量 98.64 吨，比上年增长 30%，其中三秋蚕是增产的关键。1974 年，云龙大队蚕茧亩产 170.35 千克，超过全县历史最高平均亩产 96.85 千克。1975 年，蚕茧总产量比上年下降 1.3 个百分点，为 111.37 吨，但平均亩产仍呈上升态势，为 174.05 千克。1976 年，蚕茧总产 111.92 吨，亩产 175 千克，为全县唯一亩产超过三百斤的大队。其中建一生产队 1972 年亩桑产茧量比上年提高 46.5 千克，创历史最大增幅，成为全大队典范。1973 年，虽然亩产茧比上年仅增加 8.5 千克，但从这一年起亩产茧突破四百斤大关。此后四年，逐年有所增长，至 1976 年达到 217.3 千克，始终居全大队首位。

云龙六队张纪仙等在验蚕茧（1977年摄）

称茧（1977年摄）

1977 年，大队蚕茧总产 114.76 吨，亩产 179.3 千克，创造亩桑产茧全国最高水平，成为全国蚕桑高产单位之一。是年，九队中秋蚕 10 张蚕种，单产 35.92 千克，亩产四百斤蚕茧以上的生产队 4 个。1978 年，蚕茧产量下降，总产 95.56 吨，其中春蚕、夏蚕、早秋蚕、中秋蚕产量均下降，仅晚秋蚕略有增加。1979 年重新回升，增幅达到 23.9%，总产量超过前一年，蚕茧亩产 180 千克，比上年增加 30.5 千克。其中第一、第九、第十二、第十五 4 个生产队亩产茧超过四百斤，此后几年保持平稳。从 1972 年至 1981 年的 10 年中，蚕茧亩产基本稳定在 175 千克左右。1982 年，大队蚕茧总产量 110.45 吨，亩产茧 157.5 千克，此后呈上升趋势。

1990 年，总产超过 200 吨；2005 年，亩产达到 378.15 千克，为历史最高；2009 年以后，蚕茧产量下滑，总产量跌破 150 吨；至 2014 年，总产量只有 87.84 吨；2015 年云龙蚕茧总产量为 75.01 吨。

第二节　收　购

收购方式

20 世纪 50 年代以后，国家成立蚕茧收烘站统一收购蚕茧，茧站以交售便利为原则设置在各个地区。在云龙大队设茧站 1 座。

云龙茧站收购蚕茧，有严格的质量检测程序，首先是各级茧子分开收购，其中对好茧的检测最为严格。检验员从每一担好茧中抽样，汇总一个生产队的批量样茧，通过称重、点数（单位重量内茧子的个数）、样茧分级（好茧中可能夹杂的双宫、黄斑等下脚茧）、剥茧去除蚕蛹、茧壳烘干称重等一系列程序，确定这批蚕茧的等级和价格。对其中的黄斑茧、双宫茧和印头茧等下脚茧，分别检测，单独定价。茧价一般以"担"（每担 100 斤）为单位。茧款以转账形式划拨到生产队账户。集体经济时期，由社员以人工肩挑，或装船运送，在采摘当天送到云龙茧站出售。1982 年以后，由农户自行以自行车、板车、三轮车、汽车等各种运输方式送到茧站出售。

云龙离茧站远的生产队集体用船装运售茧（1977 年摄）

1995 年以后，基本由茧贩子上门收购。上门收购主要是在村中选择几家交通比较便利的民房，临时借用作集中收购点，农户可自行售卖。2014 年，市蚕桑站与蚕茧收烘公司合作，在云龙村实施优质茧收购试点。

各期蚕茧收购量

1962 年，春茧收购 10.62 吨，夏茧 2.37 吨，中秋茧 6.86 吨，晚秋茧 0.31 吨，全年 20.15 吨。1963 年，收购春茧 14.74 吨，夏茧 2.57 吨，中秋茧 5.89 吨，晚秋茧 0.71 吨。1964 年，春茧 19.93 吨，夏茧 3.88 吨，中秋茧 9.41 吨，晚秋茧 0.52 吨。1965 年，收购春茧 23.31 吨，夏茧 4.42 吨，是年增加早秋蚕饲养，大队早秋收茧 5.46 吨，中秋收茧 11.96 吨，晚秋收茧 3.15 吨。1965 年以后，由于早秋蚕饲养的增加，收茧增加一期，因此收茧量提高，特别是 1968 年以后逐年稳步增长。1972 年的增幅最大，是年收购春茧 46.27 吨，夏茧 8.2 吨，早秋茧 12.27 吨，中秋茧 28.28 吨，晚秋茧 4.62 吨。1973 年全年收购蚕茧超过 100 吨，达到 107.57 吨。1978 年有所下降。1982 年，全年收购春茧 44.56 吨，夏茧 12.09 吨，早秋茧 22.19 吨，中秋茧 29.01 吨，晚秋茧 2.56 吨，与前几年相比，晚秋茧收购量偏低。1983 年，春茧、中秋茧收购量稍有提高，晚秋茧提高幅度较大，夏茧和早秋茧均有减少。收购春茧 48.28 吨，夏茧 9.87 吨，早秋茧 11.55 吨，中秋茧

船运售茧（20 世纪
70 年代摄）

36.04 吨，晚秋茧 11.45 吨。1985 年，春茧收购超过 50 吨，为 54.82 吨。全年收购总量达到 169.55 吨。1992 年，春茧收购又上一个台阶，超过 100 吨，达到 110.04 吨，夏茧 22.42 吨，早秋茧 45.43 吨，中秋茧 78.79 吨，晚秋茧 27.34 吨。全年超 250 吨，达到 284.02 吨。1994 年，全年收购 291.25 吨，达到历史最高。1996 年出现较大幅度下降，春茧收购 102.87 吨，夏茧 12.53 吨，早秋茧 13.68 吨，中秋茧 52.77 吨，晚秋茧 10.67 吨，全年 192.53 吨。1997 年开始取消早秋蚕饲养，但全年收购仍然比上一年增长 20.2%。2009 年，蚕茧收购出现大幅度下滑，春茧收购 72 吨，夏茧 8.6 吨，中秋茧 14.4 吨，晚秋茧 47.3 吨，全年 142.3 吨，比上一年减少 31.8%。2014 年，全年收购降到 100 吨以下，只有 87.84 吨，比上年下降 15.5%。

平均收购单价

茧子的收购价格，以 20 世纪 70 年代为例，按质论价，每 50 千克好茧最高超过 180 元，双宫茧最高 102 元，黄斑茧最高 90 元、最低 69 元，印头茧最高 35 元、最低 17 元。1968 年，全年茧子平均每 50 千克价 135 元，春茧收购单价最高，为 149.7 元，晚秋茧最低，为 101.2 元。1969 年，平均每 50 千克价提高到 140.6 元，春茧收购单价最高，为 153.8 元，三秋蚕茧单价相差无几，晚秋稍低一些，为 124.9 元。1974 年，全年茧子平均每 50 千克价达到 149.6 元。1979 年，全年茧子平均每 50 千克价上升到 184.3 元，早秋最低，为 142.6 元。1982 年，全年蚕茧平均每 50 千克价 185 元，其中春茧 221.9 元、夏茧 160.8 元、早秋茧 154.9 元、中秋茧 164.5 元、晚秋茧 151.2 元（见表 4-2）。分包以后，蚕茧收购价格逐步放开。2000 年，中秋茧中准级（千壳量 9.2 克，上车茧率 100%）收购价格上浮 10%，为每 50 千克 800 元，等级差价不变。缫丝企业对中秋茧实行返利。2001 年，春茧收购价格每 50 千克 760 元。至 2015 年，蚕茧基本都由农户自行销售，售价按市场价而定。

表 4-2 1968—1982 年集体经济时期蚕茧平均担价

（单位：元）

年份	春茧	夏茧	早秋茧	中秋茧	晚秋茧	全年平均
1968	149.7	126.4	130.9	118	101.2	135
1969	153.8	132	127.6	125.1	124.9	140.6
1970	155.6	123.4	128.5	121.1	130.3	139.1
1971	152.9	134	125.5	114.4	160.1	138.1
1972	155.4	130	117.5	138.3	132.2	142.8
1973	146.4	124.8	128	125.5	159.7	136.3
1974	173.6	128.66	115.29	126.6	132.6	149.6
1975	164.5	116.8	123.1	121.75	119.4	137.5
1976	155.2	150.5	117.21	124	135.78	138.5
1977	149.44	122.3	122.3	109	153.06	130
1978	168.6	131.9	120.9	111	142.7	147.6
1979	233	156.2	142.6	159.58	175.5	184.3
1980	214.1	155.5	149	154.4	193.5	179.9
1981	234.1	161.4	145.7	163.5	176.5	187.8
1982	221.9	160.8	154.9	164.5	151.2	185

优质茧收购试点

从 2014 年春蚕开始，以市蚕茧收烘公司为收购主体，市蚕桑站提供技术支持，云龙村委会配合，在云龙村十组试点，中秋和晚秋蚕扩大到相邻的第九、十、十一、十六 4 个组。在养蚕前期，在试点区内做好政策宣传工作，蚕农自愿选择是否参与；上蔟前，将蔟中管理技术要求、售茧卡等资料发放到参与试点的农户；上蔟后 3～4 天（春、秋蚕不同）抽取样茧；收茧当天，在各方共同鉴证下再次称量，计算样茧失水率及实际收购中心价；以户为单位，分别现场检验蚕茧质量指标，确定奖励金额。由蚕农代表、村干部、市蚕桑站和蚕茧收烘公司共同采样定价，以试点区大批可采毛脚茧时（上蔟后 3～4 天）的市场价作为基础价，随机抽取 3 户蚕农各 2 千克左右样茧称量后封存。在上蔟后 6～7 天开秤收购前，再次对封存的样茧称量，计算样茧平均失水率，再根据失水率和基础价计算出每 50 千克蚕茧的实际收购中心价。奖励标准一是收购时根据茧层厚薄及外观质量，在收购中心价的基础上每 50 千克升降 20 元以内；二是随机削取 10 颗样茧，好蛹率达到 80% 及以上，每 50 千克奖励 40 元；三是含水率 20% 以下，每 50 千克奖励 30 元；四是秤取 250 克样茧调查上车茧率，达到 90% 及以上，每 50 千克奖励 30 元。好蛹率、含水率、上车茧率达标一项奖一项，三项全部达标的，每 50 千克再加奖 20 元，即每 50 千克最高奖励 140 元。试点成果反映茧质明显提高，蚕农收入增加，收购和缫丝企业增效。

1973 年云龙大队出售蚕茧情景（新华社记者摄）

第三节　加　工

缫土丝

旧时云龙蚕农大多自行缫丝。20 世纪 50 年代初，大部分蚕农家中都添置有土丝车，养蚕季节过后，村中每家每户日夜忙碌"做丝"，也称"踏丝"。

缫丝技艺和顺序有：剥茧黄，即把蚕茧外层茧衣（俗称"茧黄"）剥去；煮茧，取剥去茧黄的蚕茧 20～30 颗为一组，放入土灶上水锅内煮透；钩丝，用茧帚捞出各个蚕茧的丝头，集成线丝，集束穿过木架下的丝扣，绕过"响蝉"竹轮和丝钩，粘附在辅车搲片架上，用拉丝杆的钩子勾住蚕丝；倒丝，踏动踏板，带动搲片架滚转，将丝缠在搲片上；锅中茧子即将抽完丝时，捞出蚕蛹，再往锅中添茧，重复上述的工序，搲片上丝渐积成匹，最后用木锤敲松车轴上榫木，将丝匹取下，系成丝绞，称为"一车丝"；烤丝，车后放有炭火箱，从水中抽取的丝随时烘烤，随抽随干。丝绞取下后，收藏于樟木箱中待售，称为"蚕丝银子"（卖丝银子）。也可在自备的木质布机上织成土绸、土绢或土帛。

1964 年大队动员集中 30 台土丝车，成立土丝厂集中缫丝，从此蚕农自行缫丝日渐减少，1983 年，农户自行缫土丝已很罕见。2009 年，村中

云龙村民贝利凤在缫土丝（2015 年，王超英摄）

开始举办"蚕俗文化节",请村民表演缫丝技艺,延续蚕俗记忆。此后,每一届都有这项活动。2015 年 5 月,在村蚕俗文化园举办蚕俗文化体验日活动,村民贝利凤表演传统手工缫丝技艺。

剥丝绵

剥丝绵是云龙传统的蚕茧利用方式。一般上等好茧用来缫丝,而双宫茧、黄斑茧等下脚茧,则用来剥出丝绵兜,俗称"绷挨子"。"挨子"以"只"为单位,可扯成丝绵被絮或棉袄裤内絮,轻薄、保暖,为上等家用丝绵。剥丝绵主要有以下几道工序:一是煮茧,将蚕茧放水中浸泡,再放入锅中加水、加老碱煮透、煮松,可用手指拉开;二是剥小挨子,把茧子从锅中取出,放在水盆中,用手指将茧子撕一小口,拉开翻套在右手掌上,如此反复约数十个茧子,蒙成丝绵袋后从手掌上取下,拉整成鞋子形状,置于木搁板上,挤去水分,分开放匾中晒干;三是"开挨子",取一大木盆,盛放清水,用一个竹制的半圆形"挨环"作为模子,将小挨子重新浸湿拉开,一只一只套到挨环上,积约 10 余只小挨子便可成一只丝绵兜,通称挨子。

剥丝绵(1977 年摄)

剥丝绵在云龙一直保留，20世纪70年代以后，虽然不多，村民还偶尔有这一需求，80年代以后则基本消失。2009年，村里举办"蚕俗文化节"以后，挖掘这一民俗，请村民表演。2015年5月，村民在蚕俗文化园表演传统剥丝绵、拉绵兜技艺。

织绵绸

云龙传统蚕茧加工方式之一。首先将丝绵或茧汰头团叉在绵线杆上，用手指拈扯成绵线，绕在旋转锭子上，称为"打绵线"。待绵线积至足够数量时，用织棉布的织布机织成绵绸。具体工序有经线、络线、穿筘、穿梭、上轴、编织等。织出的绵绸为白坯，用拷花方法染成红白或花蓝相间的花绵绸，为农家嫁女作丝绵被面、绵袄布的上好面料。至20世纪80年代末，这种加工方式已消失。

缫丝厂

1964年秋，云龙大队集中村中蚕农土丝车30架，建办缫丝厂，厂房分设在南大池等自然村农户家中，并招收年龄较大且有缫土丝技术的女工60余人，用大队自产蚕茧缫制粗丝（即土丝）。1966年5月，大队投资11万元，将云龙缫丝厂扩建为云龙丝织厂，主营仍为蚕茧缫丝，主要为浙丝一厂加工生产"5070"农工丝，首任厂长由大队干部范培荣兼任。1968年，云龙丝织厂年加工量19吨。1971年投资20万元进行技术改造，购置40台立缫车，开始生产"20/22"白厂丝。1975年2月，云龙丝厂与钱塘江公社签订协议，转为社办丝厂，称钱塘江丝厂云龙车间。改制时，原大队丝厂丝车定额40台，每台4.5人。协议规定安排云龙大队180人进入公社丝厂，此后增减由公社统一安排；丝织厂经营净利润的65%归公社，大队得35%；丝厂生产的副产品蚕蛹，80%由大队分配；房屋及机械设备经估价转让给公社丝织厂；原丝厂附设丝绵场由大队自主经营，单独核算，煮茧、加工设备等自行解决。1980年5月，建办云龙针织厂。1983年3月，

云龙丝织厂（1985 年摄）

云龙车间从公社丝厂中划出，与云龙针织厂合并，改名为海宁县云龙丝织厂，实行独立核算，自负盈亏，分配蚕茧、解交生丝等业务关系仍按原来渠道不变，由公社丝织厂统一办理。1986 年，云龙丝织厂年产值 799 万元，在马家桥西新建厂区。1995 年，120 台立缫机改为自动缫，厂区扩展到马家桥东。1998 年，云龙丝织厂改制为海宁市云龙丝业有限责任公司，为私营企业，法人代表为谢凤艳。到 2005 年年末，云龙丝业有限责任公司已是云龙村上规模的丝织企业之一。2009 年云龙丝业有限责任公司关闭。

第五章

蚕桑科研

第一节　蚕桑科学试验队伍

从 1964 年起，云龙大队依靠省、地区、县蚕桑技术部门和有关科研院所的指导和帮助，先后在养蚕方法、蚕品种、消毒药剂、桑品种、桑树养成形式、激素使用、蔟形与结茧率及茧质的关系等方面开展科学试验。期间各生产队配备专人做好调查、记载等工作，形成一支科学试验队伍，及时分析试验资料，总结试验成果，为新品种新技术的推广、运用起到了积极作用。

1968 年，大队成立科学试验小组，选派 4 名有一定文化水平、能刻苦钻研的青年为蚕桑试验员，并逐年添置相关仪器设备，开展各项科学试验活动。先后进行了不同品种桑的产叶量、桑树栽植密度与产叶量关系、早秋叶不同采摘方式对产叶量影响、不同蚕品种用桑量、不同蚕品种的产茧量与茧质等试

云龙大队蚕桑试验人员（1977 年摄）

验，取得相关数据，掌握第一手资料。

在栽桑培植方面，1972 年 8 月，科学试验小组在建一生产队进行桑园供水对比试验。1976—1978 年，对早秋叶不同采摘量对下年桑叶产量的影响，进行长达三年的跟踪观察，记录早秋叶采摘率、下年发芽率、下年春叶产量、第三年的春季发芽率、春叶产量等指标数据。1978 年前后，开展各类桑园培育科学试验，如由张林华带队在十一队进行的桑品种对比试验；由大队科研组褚林泉带队开展的优良桑品种有性繁殖与无性繁殖试验；由张子祥带队在建一队进行的桑叶采摘试验；由张文康带队在十五队进行的不同树形对桑叶产量的关系试验；由张子祥、朱祖发带队开展的不同施肥量对桑叶产量的关系试验；由李锦松、朱芝明亲自带队，张纪兴等大队科技组人员参与，在建一队、六队、十五队开展的万斤桑六担茧高产试验，包括肥水配备、精细管理、合理采摘、充分利用空间、合理留拳、留条、生物防治、喷灌、养蚕高产技术等项目；由县农水局曹林利负责开展的桑园喷灌调查；由大队机耕站陈云龙负责的机械器具如伐条机、采叶机在培桑上的应用等。

在养蚕试验方面，1966 年，实行秋蚕饲养量对比试验。1974—1980 年，承担县科技局下达的"家蚕新品种选育与高产饲养技术研究"科研项目。

张纪兴等在进行培桑试验
（1977 年摄）

1975 年春期，实行蚕品种比较试验。

其他有 1976 年的方格蔟使用试验、1978 年春期的消毒剂使用对比试验、1978—1980 年的蚕桑机电化研究等。

云龙大队的科学试验得到了上级的经费支持。1978 年 5 月，嘉兴地区下达第一批科学技术发展计划项目补助经费，大队"桑园养成形成栽培管理与简易蚕具改革"项目获补助 0.4 万元。大队与卫东蚕种场联合进行的"小蚕室自动空调及设备研究"项目获补助 0.8 万元。6 月，海宁县科技局下达浙江省、嘉兴地区科学技术发展补助经费，大队"蚕桑机电化研究"项目获补助 1.2 万元。

1982 年下半年联产承包责任制以后，科学试验队伍解散。

第二节　栽桑试验

种植密度和养成形式对比试验

从 1970 年开始，大队在各生产队开展长达十年的不同桑树种植密度和养成形式的对比试验。主要方式是结合平整土地，选用的桑树为无杆和低杆桑，试验目的是确定大面积种桑的标准。是年在建一生产队开展 800～2000 株的试验，基本确认适用于云龙本地沙粉碱性土，便于常年采叶，有利于桑树健壮和高产的种植形式。1976 年，试验调查表明，合理培育的壮龄桑，每亩 8420 条，条长 1.67 米，春叶产量 1.58 吨。同时也表明云龙地方不适合低杆和无杆密植形式。因此，大队栽种高产桑园主要是改稀植为合理密植，树杆由以前的中杆偏高改为中杆偏低，即主杆和支杆都留 2～3 拳，每亩栽桑 1000 株左右，以亩产春叶 1.5 吨、夏秋产叶 2 吨为目标。试验为大队蚕茧增产提供了科学前提。

秋蚕饲养量对春叶影响的跟踪试验

1976—1978 年，云龙大队针对早秋叶不同采摘量对下年桑叶产量的影响，进行了长达 3 年的跟踪调查，记录早秋叶采摘率、下年发芽率、下年春叶产量，以及第三年的春季发芽率、春叶产量等指标，获得大量数据，对确定合理的秋蚕饲养量提供了科学依据。

桑园供水对比试验

1972 年 8 月，针对"桑树怕涝不怕旱""大旱三年，桑树穿破天"的传统认识，科学试验小组在建一生产队进行桑园供水对比试验。4 日和 24 日桑园灌水 2 次，灌溉区在灌水后每根枝条陆续长叶 5 至 8 张，亩产秋叶 1247 千克。用于相对照的不抗旱区原来枝梢的嫩叶凋萎，生长停滞，亩产秋叶 961.5 千克。试验结果表明，对秋季桑园的适当灌溉能增产秋叶。

桑园施肥管理试验

1973—1975 年，云龙大队开展桑园施肥试验，得出"施足冬肥，早施春肥，重施夏肥，巧施秋肥"的施肥原则（见表 5-1、5-2）。

冬肥施肥和吸收时间相隔较长，通常以河泥、羊厩肥等有机质肥料为主。施肥时间一般从立冬到冬至，施肥量约占全年总肥量的 10% 左右。

春肥以速效性化肥和畜粪为主，一般在雨水到春分施肥，注重早施，最迟截至清明，促使桑树发芽，有利于提高五龄用叶产量、质量以及夏伐后发芽和新条生长。在施肥方法上采取分次使用，避免肥料流失。1973 年第二生产队春期施肥试验表明，同等数量的肥料，一次施下的，平均春叶亩产 452.5 千克，夏叶亩产 86 千克；分两次施用的，春叶亩产 586 千克，夏叶亩产 90.5 千克，春夏桑叶总产相差 88 千克。春肥的施肥量占全年总肥量的 30% 左右。

云龙的夏肥以速效肥为主，兼施有机质肥，施肥时间从小满到夏至，力争早施。施肥量占全年总肥量的 40%。

春、夏两次桑叶采伐后，大队采取增施秋季壮条肥，以促使秋叶生长旺盛。适当控制肥量、时间，控制发生芽枯病。施肥时间不过立秋，施肥量控制在全年总肥量的 10% 以内。

表 5-1　1973—1975 年施肥水平比较

（折标准肥：吨 / 亩）

年份	全年	其中			
		春肥	夏肥	秋肥	冬肥
1973	4.67	0.94	2.13	0.82	0.78
1974	6.33	3.18	1.9	0.51	0.74
1975	7.39	2.65	2.49	1.26	0.99

表 5-2　1973—1975 年桑叶产量比较

（单位：千克 / 亩）

年份	全年	其中		
		春叶	夏叶	秋叶
1973	2265.5	942.5	165	1158
1974	2662	1061.5	229	1371.5
1975	2562.5	924	172	1466.5

桑品种对比试验

从 1964 年开始，大队以早生、丰产、抗病为目标，选择 7 个桑树品种，开展产叶量、抗病能力、春芽萌发时间等方面的对比试验。试验结果表明，荷叶白产叶量最高，乌皮桑产叶量次之，表现有春季发芽早的特点，荷叶白还具有抗病力强的优点。11 年的成活率，荷叶白为 100%，乌皮桑为 96.8%，墨斗桑为 93.7%。

1971 年，用湖桑 197、团头荷叶白、育 2 号、湖桑 199 进行对比试验，发现育 2 号生长势较旺，春期发芽较早（比湖桑早 2～3 天），叶质尚可。

1976 年，选择红皮大种、荷叶白、桐乡青、乌皮桑、墨斗桑、白条桑等品种，调查记录每个品种的春叶、夏秋叶产量，为选择适合云龙种植的桑树品种提供了依据（见表 5-3）。

表 5-3　1975—1976 年 7 个桑品种产叶量对比

品种	面积（亩）	株数	春叶产量（千克）				夏秋叶产量（千克）				全年产量（千克）			
			1975 年		1976 年		1975 年		1976 年		1975 年		1976 年	
			总产	亩产	总产	亩产	总产	亩产	总产	亩产	总产	亩产	总产	亩产
大种桑	0.16	100	119	744	137.5	859	204	1275	205	1281.5		2019	342.5	2140.5
荷叶桑	0.16	100	125.5	784.5	139.5	872	190	1187.5	192.5	1203		1972	332	2075
桐乡青	0.16	100	126	787.5	130	812.5	184.5	1153	200.5	1253		1940	330.5	2065.5
乌皮桑	0.16	100	140	875	141	881	242	1512.5	227	1419		2387.5	368	2300
墨斗桑	0.16	100	152	950	106	662.5	205.5	1285	223.5	1396.5		2235	329.5	2059
白条桑	0.16	100	104	650	86.5	540.5	199.5	1246.5	206	1287.5		1896.5	292.5	1828
荷叶白	0.16	100	141	881.5	119.5	747	256	1600	253.5	1584.5		2481.5	373	2331.5

对 7 个品种为期 13 年的试验表明，在产叶量和抗病性能方面，应首选荷叶白，因其具有成活率高、耐伐的优点，且长势强盛，春期新梢芽多、蕻长，秋期封顶迟，叶嫩、叶片大，适合秋蚕饲养。其次为乌皮桑，其成活率高，抗病率较强，产叶量较高，春期发芽较早，适宜春期小蚕用叶，缺点是秋期封顶早，桑叶硬化快。第三是桐乡青，其产叶量、抗病率一般，但叶质好，枝条较直，适合密植。

综合以上试验所得数据，大队把荷叶白、乌皮桑、桐乡青以及育 2 号作为种植推广品种。

第三节　养蚕试验

蚕品种比较试验

1975 年春期，大队以建一生产队为试验地，选择饲养"杭 15 × 杭 16""春三 × 春四""华合 × 东肥"等品种进行对比试验（见表 5-4）。饲养人员仔细观察记录，认为"杭 15 × 杭 16"品种具有发育齐、眠起快、食桑旺、吃叶净、蚕体清白结实、好养等优点，"春三 × 春四"品种发育齐一、眠起齐快、蚕体结实、高产好养，但食桑稍慢、吃叶残桑较多、蚕体略带黄色。

表 5-4　1975 年家蚕新品种生产鉴定调查

品种名	五龄经过（日：时）	全龄经过（日：时）	每张种产茧量（千克）	每张种产值（元）	每张种用桑量（千克）	担桑产茧量（千克）	担桑产值（元）	50克干壳量（克）	斤茧颗数	上茧价（元）
杭 15 × 杭 16	9:9	27:1	45.25	165.10	607.5	3.73	13.59	10.1	244	185
春三 × 春四	9:12	27:4	45.75	157.44	623.5	3.67	12.63	9.87	240	178
华合 × 东肥	8:21	27:9	40.75	128.37	585.5	3.48	10.96	9.24	243	163
东肥 × 华合	9:13	27:5	45.25	160.32	622	3.64	12.88	9.74	236	179

在试验中较详细掌握相关品种的性状特点。如"春三 × 春四"和"华合 × 东肥"这两个品种，一样都有结茧份量重、茧层厚、质量优的特点。在"春三 × 春四"和"华合 × 东肥"对比试验中，建一（5）班技术员朱桂芬与饲养员均观察到，只有在食叶充分的前提

试验人员在记录（1977 年摄）

下，尤其是五龄期饱食，这两个品种才能发挥出上述优势。

因此，大队在"春三 × 春四"和"华合 × 东肥"五龄期饲养中，采取相应措施，一是每张蚕种稀放大圆匾 30 只；二是桑叶吃完就添；三是注意叶质新鲜；四是注意通风换气。其中"春三 × 春四"品种还有上蔟怕闷、怕湿、容易得病不结茧等缺点，所以上蔟前需加强蚕体消毒，改善蔟中通风等环境条件。

昆虫保幼激素试验

1974 年开始，大队尝试运用昆虫保幼激素养蚕增丝，由小区试验到大

区饲养，由一点到多点进行试验。结果表明，运用昆虫保幼激素养蚕增丝能提高单位饲料和单位时间的产茧量，有利于桑叶的余缺调剂，且使用简便、成本低、技术易被群众所掌握，是提高蚕种单产，特别是提高夏秋茧产量和质量的有效措施。

小蚕用叶标准试验

养好小蚕是蚕茧稳产高产的基础。云龙大队对不同叶质进行科学试验，采用的对照标本是叶形尚未大足和叶片呈皱缩的两种桑叶。前者适熟，后者适熟偏嫩。从饲养结果来看，喂饲偏嫩桑叶的蚕比喂饲适熟叶的蚕发育快，一至三龄期总共可缩短 1 天左右，发育齐，二龄饷食时不易发生小蚕，大蚕期蚕体大。

当遇到蚕体太小，迟迟眠不下去的时候，桑叶是主要原因。对春蚕用叶，一至二龄适熟偏老为宜，即第 4 ～ 5 叶，淡绿色，含水率 78% ～ 79%，残桑 20% ～ 30%；二龄采第 5 ～ 6 叶，浓绿色，含水率 75% ～ 76%，切叶大小是蚕体的 1.5 ～ 2 倍见方。

秋期小蚕用叶受气候、肥培水平、虫情及桑品种等因素影响，叶色叶位难定，主要凭手触叶质软硬度确定，以手感柔软为标准。因为秋季在干旱、虫情重的情况下，看上去是淡黄色的叶，叶质不一定好，需调整采叶叶位，一般一龄第 2 叶，二龄第 2 ～ 3 叶。同时参考吃叶程度，一龄时 1 日剥去，2 日吃通，二龄时吃通。采叶时力求老嫩一致，两头适熟偏嫩。将眠期在提高温度 1 ℉ 的同时，为达到饱食就眠，以适熟偏老为宜，在高温多湿下，一日 4 次育，给桑次数少，桑叶置蚕座内时间长，以保持桑叶新鲜为主。1977 年用偏嫩叶养蚕，蚕发育一致，蚕体稍大，但显得有些虚胖，不如食用偏老桑叶的蚕体结实。

秋蚕饲养量对比试验

1965 年，大队开始饲养早秋蚕后，饲养量一度高达春蚕饲养量

养蚕试验（1977 年摄）

的 70%，结果影响桑树枝条的生长。1966 年，开展设计饲养量为春期的 70%、60%、50% 的对比试验，得出 50% 最合理的结论。在早秋采叶80%、60% 和 40% 的对比试验中，表明饲养量 60% 以上会造成下一年春叶减产，次年发芽率以 40% 为高。

第四节　消毒试验

蚕室蚕具消毒传统上用漂白粉，云龙大队尝试用"1231"消毒剂消毒防病。

1978 年春期，饲养"春三 × 春四"蚕品种，采用分区对比形式，试验区采用"1231"消毒剂，对照区采用漂白粉消毒剂，两个区均饲养 40张蚕种，同在 5 月 3 日收蚁。蚕室同为砖木结构房屋。

　　试验区用 1:1000 浓度的"1231"加 2% 石灰浆，分别对小蚕饲养用的 4 间蚕室、1400 只蚕匾和大蚕期用的 21 间房屋、2800 只蚕网消毒；对照区用有效氯为 1% 的漂白粉，分别对小蚕期用的 4 间蚕室、1400 只蚕匾和大蚕期用的 21 间蚕室、2800 只蚕网进行消毒。消毒方式相同，在蚕室进行喷洒消毒液，蚕匾和蚕网用消毒液浸泡。然后分别对三龄蚕、五龄蚕和上蔟后的蚕进行抽样调查，三龄蚕抽 5 匾，五龄蚕抽 10 匾，上簇后抽 4 平方米范围内的蚕，主要调查发病种类、病蚕数量。最后调查 2 个区的蚕茧总产、薄皮茧和烂茧的数量、平均张产、斤茧颗数等项目。

　　结果表明，采用"1231"消毒液消毒的试验区，小蚕期无发病，大蚕期 10 只圆匾内发现软化病蚕 12 条，蔟中 4 平方米内发现死蚕 70 条，活蚕 148 条；40 张蚕种共收获蚕茧 1.73 吨，其中薄皮茧和烂茧 15.25 千克，平均张产 43.3 千克，每斤 225 颗。采用漂白粉消毒的对照区，小蚕期无发病，大蚕期 10 只圆匾内发现僵蚕病蚕 4 条，软化病蚕 10 条，血液型脓病蚕 2 条，蔟中 4 平方米内发现死蚕 85 条，活蚕 98 条；40 张蚕种共收获蚕茧 1.78 吨，其中薄皮茧和烂茧 23.15 千克，平均张产 44.45 千克，每斤 224 颗。

　　通过试验，获得了不同消毒剂在防病效果、结茧率、蚕茧质量等方面的第一手数据。

第六章

蚕业管理

第一节　大队专职管理制

蚕桑专管副书记

从 1979 年开始，云龙大队确定 1 名党支部副书记担任大队蚕桑专管副书记，在公社部署下布置规划全大队的蚕桑工作，落实分解到各生产队，包括桑园建设、各季养蚕的准备工作、蚕茧交售计划等，总结经验，协调蚕业生产和水稻、络麻及其他各业在劳动力、物资等资源分配上的矛盾冲突，发现先进典型和存在问题，向下传达公社农科站各种蚕桑信息，组织全大队的蚕

云龙大队蚕桑领导班子
人员（1977 年摄）

业饲养员培训。在各期蚕饲养期间，与大队蚕桑辅导员一起巡视各生产队蚕室，督促指导各蚕室的工作。1982 年联产承包责任制以后这一制度被弱化。

专业蚕桑辅导员

从 1979 年开始，大队在设蚕桑专管书记的同时，确定配备专业蚕桑辅导员 3 名。蚕桑辅导员本身具有比较丰富的蚕桑经验，并接受有关蚕桑的各种技术进修和培训。全大队共划分为 2 个片，由 2 名蚕桑辅导员各负责一个片。养蚕期间，每天到各生产队蚕室巡视，了解掌握情况；每一龄期，召开各生产队共育室室长会议，通报蚕情，对蚕的眠期迟早、饲养密度、桑叶供应、病情虫情、温度湿度变化、劳动力调配等巡视中发现的问题提出指导意见。1982 年联产承包责任制以后弱化，至 1986 年以后不再设置。

第二节　生产队"二长三员"制

从 1979 年开始，在大队以下，生产队中设有分管蚕桑的副队长和培桑专管员；实行"二长三员"制，"二长"即蚕业队长、养蚕室室长，"三员"即饲养员、防病防毒员、桑叶管理员。每一个养蚕室有"一长三员"，人员一次落实，分批进室，固定饲养，实行岗位责任制。对饲养员的工分报酬做到室内室外男女同工同酬。生产队其他劳动力负责配合整个蚕期饲养流程，做好前端和后端的辅助事务，如前端的桑叶采摘运送、桑条处理；分养时的捉蚕、搭建蚕台、将蚕沙按户分掉、上蔟时搭建山棚、运送蔟具、上蚕、采茧、售茧、清扫蚕室、洗刷蚕匾蚕帘等。1982 年联产承包责任制以后这一制度被淘汰。

蚕业队长

云龙大队每个生产队设 1 名蚕业队长，又叫蚕桑队长，一般由生产队副队长担任，负责全队的蚕桑工作。蚕业队长上承大队蚕桑辅导员，下接各蚕室，直接面对蚕桑生产第一线，养蚕期间，每天两次巡视各蚕室，即白天一次，夜里一次，掌握生产队蚕桑的全部情况，包括桑园培育、蚕室消毒、饲养员选择和调配，养蚕全过程及时反馈蚕情、桑情，处理生产中发生的问题和困难，是大队整个蚕桑生产管理体系中最关键的环节。1979年，全大队有蚕业队长22人（见表6-1）。1982年承包到户以后，蚕业队长的职能被弱化。

表6-1　20世纪70年代云龙大队各组（生产队）蚕业队长一览表

组别	姓名	组别	姓名	组别	姓名
1–1 班	陈长元	5 队	沈发根	11–3 班	陈建根
1–2 班	陈叙荣	6 队	李奎法	12 队	贝金洪
1–3 班	曹叙明	7 队	吴福庆	13 队	陆建祥
1–4 班	双柏月	8 队	陈汉良	14 队	沈文甫
1–5 班	朱纪祖	9 队	姚根荣	15 队	张文康
2 队	褚纪法	10 队	戴银发	16 队	戴子标
3 队	曹发康	11–1 班	张林华		
4 队	吴文金	11–2 班	戴金法		

云龙十四队蚕业队长沈文甫和
饲养员在蚕室（1977 年摄）

养蚕室室长

云龙大队每个生产队养蚕室设 1 名室长，负责养蚕期间蚕室的日常工作。通常生产队实行小蚕共育，小蚕期间往往集中在一个蚕室，主要依靠室长负责，处理蚕室的具体事务，如蚕室的布置和卫生、饲养员的管理、加温和通风、除沙、蚕生长发育情况观察、湿叶处理、桑叶贮藏等，并及时上报养蚕过程中出现的问题和情况。1979 年，全大队有 27 个蚕室室长，其中妇女 13 名。1981 年 4 月，蚕桑女室长 15 人，女技术员 27 人。1982年取消。

蚕饲养员

云龙各生产队蚕饲养员有两种，一种是小蚕饲养员，从收蚁开始就进入蚕室养蚕，一般情况下，这支队伍是稳定不变的，人数每队 5 ~ 6

蚕饲养员（1977 年摄）

人，大的生产队 7～8 人，其中女性占多数。她们每一年都从小蚕开始饲养，养蚕经验丰富，操作规程熟悉，是生产队的养蚕骨干。另一种是大蚕期间的饲养员，在分养以后分批进入蚕室，人数比较多。这个时期，30%～40% 的农户家中都被生产队借用为蚕室，饲养员占全队劳动力总数的 30% 左右。

1963 年，第三生产队有 5 名饲养员，常年固定，明确分工。1 人总负责，其他 4 人分别负责温度、蚕叶、卫生等。按照生产责任制，进蚕室后不回家，日夜轮班，守室不脱人。1979 年，全大队有饲养员 500 多名，其中妇女占 95%。1982 年以后，饲养到户，养蚕户均为饲养员。

第三节　其他专业管理

云龙重视蚕桑生产，通过各级推广和媒体宣传，引起各方关注。1963 年 5 月 19 日，《浙江日报》在头版以"海宁县钱塘江公社大批社队干部深入蚕室——以点带面领导春蚕生产"为题进行报道，报道中特别提到"云龙大队党支部书记李锦松到第十六生产队搞点做样子，这个队的共育室蚕体大小均匀，蚕儿发育健壮"。1964 年，大队获得"亩产千斤桑百斤茧"的成绩，成为当时蚕桑生产的典型，受到浙江省农业厅等部门的重视，并派驻蚕桑工作组，长期驻扎在云龙大队，在云龙蚕桑生产过程中起着重大作用。这是云龙蚕桑发展集体生产阶段的一大特征。

省蚕桑研究机构驻云龙工作组

1964 年，浙江省农业厅、省农科院蚕桑研究所、海宁县农业局三方在云龙大队筹建"蚕桑丰产样板"。1966 年由省农科院蚕桑研究所、浙江农业大学蚕桑系、省农业厅特产局蚕桑股、县农业局等单位组成工作组，进驻云龙大队，一直驻扎到 20 世纪 70 年代末。在前后长达十几年的时间里，工作组一边从事蚕桑科学研究，一边指导云龙蚕桑生产。云龙蚕桑工作组的作用主要表现在：引导大队、生产队蚕业干部和蚕室饲养员重视养蚕技术，营造全大队科学养蚕的氛围，改革传统养蚕制度，在种桑养蚕各个环节上给予技术指导，发现养蚕过程中存在的问题，提供蚕业咨询服务、指导；同时就地开展种桑养蚕科学试验，将调查、试验结果直接运用到云龙大队的蚕桑生产中去。工作组地点设立在接待站，至1990年被撤销。

浙江农业大学蚕桑实习基地

从20世纪60年代中期开始，浙江农业大学蚕桑系就长期把云龙作为学生实习基地，同时把蚕桑科技知识传递给蚕农。到80年代末逐渐淡化。

内部管理制度

云龙有一整套的蚕室制度、饲养员报酬制度等。各生产队饲养员在养蚕期间的报酬（工分），约高于同等劳力的20%，因为饲养员养蚕必须24小时守在蚕室，一般不回家，晚间也需要起来照看喂饲。1977年，大队抓桑园培育，建立专业队伍，科学养蚕，落实责任制；实行"四定一奖"制，即定蚕种、定产量、定工分、定成本及超产奖励。

蚕师傅、蚕业辅导员

20世纪70年代后，长期的科学养蚕实践，不但提高了云龙的蚕茧产量、社员的收入水平，同时也培养出了一批有科学养蚕意识、养蚕经验丰富的"蚕师傅"。他们熟悉科学养蚕整套流程中的每一个环节，善于处理养蚕过程中的突发问题，具备指导养蚕的业务能力，并受邀或接受大队指派，到外地去担任蚕桑辅导员。在养蚕期间，负责一个生产队的蚕桑技术辅导，认真落实各项技术措施，往往在担任蚕业辅导员的当期就大见成效，所辅导的生产队蚕茧产量明显增加，因此在当时"蚕师傅"有一定的知名度。

第七章

蚕桑人文

第一节　蚕桑文化

云龙的蚕桑文化主要体现在习俗方面。养蚕习俗，是随着蚕桑生产的发展而逐渐形成的，经历代流传，内容渐趋丰富，且名目众多，贯穿于民间整个蚕桑生产过程和蚕农生活之中。在四时八节中，春节期间有扫蚕花地、唱《马鸣王》、演蚕花戏、跳蚕花马灯等，清明节有请蚕神、吃蚕菜、踏青轧蚕花等；在生活礼仪中，婚嫁时有成亲送蚕花，丧礼中有扯蚕花挨子、盘蚕花等；在养蚕时节里，有祛蚕祟、养蚕猫、蚕禁忌、望蚕讯、谢蚕神等；此外，还有蚕生日纪念活动，蚕俗文化内容丰富。

云龙处于蚕桑生产发达地区，历史悠久，养蚕习俗一脉相承。有一年四季岁时节令中祈祀蚕神的仪式，有用戏曲娱乐形式取悦蚕神的节目，有在婚丧诸事中祈求蚕花的风俗，有社际交往中亲戚邻里间相互祝福的礼节，还有众多非物质的口彩和禁忌，以及谚语俚俗，也随着时代的发展而产生、沉淀。

在云龙集体养蚕时期，这些习俗大多被作为"四旧"、封建迷信破除对象，因此，没有公开的活动，几乎销声匿迹。但在一些农户家中，以隐蔽方式保留着这些传统习俗，改革开放以后，重又逐渐活跃起来。同时，也随着时代的进步，出现了歌词、音乐等新的文化产品。

养蚕习俗

送蚕花 蚕家姑娘出嫁成亲，嫁妆中备有桑苗2株、油灯1盏、竹箩1只等有关养蚕的物品。桑苗用小火桑，油灯用毛竹节制成，加上豆油和纱条，即可点燃照明，称"蚕火"；竹箩用篾黄编成，染成红色，称为"发箩"，二者合成谐音口彩"蚕火发喽"。三样物品上，都缠上红丝绵条，挂上一朵红色小蚕花，与小淘箩、火叉等物放在红漆木面桶里，和其他嫁妆一起送到婆家去，称为"送蚕花"。成亲后三朝日，婆家把"蚕火发箩"挂到蚕房里，桑苗种在家门外场地前。因火桑是桑树中最茂盛和长寿的一种，桑苗成活后不修剪不砍伐，任其自然生长。桑树长得茂盛，喻示蚕花茂盛，家业兴旺。因此云龙农户宅子周边常见生长有较大的桑树。

撒蚕花 新娘进男家门时，喜娘要向四周撒一些钱币，供众人拾取，称为"撒蚕花铜钿"，同时唱民歌《撒蚕花》，最后三句是"今年要交蚕花运，蚕花茂盛廿四分，茧子堆来碰屋顶"。

戴蚕花 旧俗流行用红色彩纸扎成纸花，称"蚕花"，托言为西施所创。妇女戴于头上或鬓边，为蚕乡女子特殊时尚。民间有蚕花歌："蚕花生来像绣球，两边分开红悠悠。花开花结籽，万物有人收。嫂嫂接了蚕花去，一瓣蚕花万瓣收。"在云龙附近的鲁王坟清明踏青、庙会等活动中，蚕妇都会佩戴蚕花。

盘蚕花 人老死举办丧葬仪式有"盘蚕花"习俗。成殓开始,先扯蚕花"挨子"（丝绵兜），亲属穿齐孝服，由长子、长媳领先，联手将丝绵扯成薄絮片，盖在尸身被单上，其余亲属亲戚依次扯过去，每对扯三只"挨子"。蚕花"挨子"扯好，由土工整理结殓完毕后，再"盘蚕花"。仍由长子、长媳领头，手中捧木升箩，升箩中盛米，插上点燃的蜡烛，绕死者棺木三圈；其余人手执蜡烛，先后跟随，口中说些要死者保佑家中"蚕花茂盛，全家平安，六畜兴旺"的话，称"讨蚕花"。三圈盘好，自家人进内，亲戚出外，各自将烛火吹灭，蜡烛头收好带回家，称"蚕花蜡烛"，看蚕时点在蚕房里，就会蚕花茂盛。

望蚕讯 蚕成熟上了山（蔟），亲戚间要来"望蚕讯"，新结亲第一年的儿女亲家间最为隆重。先由蚕娘婆家带了少量粽子、一块熟猪肉、一条鱼和白焐咸蛋等物品，去为娘家请蚕花五圣，称为"讨蚕讯"。隔天，娘家便备好相同的供请物品，同时要裹好数量较多的蚕讯粽，一道挑着送到女婿家去，供请蚕神菩萨，称为"望蚕讯"。送去的蚕讯粽，由女婿家再分送给所有邻居、亲戚。蚕讯粽为箬叶裹成，呈尖三角形，粽内裹有糯米、赤豆和红枣等，用于供请蚕神的，还要裹成一大一小连在一起的"抱子粽"（也称"抱娘粽"），煮熟后再在粽箬上系红丝绵条，显得慎重和有规矩。这一风俗，至今仍久传不衰。云龙村至今每年都有裹蚕讯粽的习俗，时日已提前至春节至清明期间，在蚕事尚未登场之前，早早地乘空闲望了"蚕讯"，已经成了一种预祝蚕茧丰收的习俗。

生活习俗

吃清明夜饭 请好蚕神后，一家人要团聚吃清明夜饭。清明夜饭以与养蚕有关的饭菜为主食，也称为蚕饭。主要菜蔬有供蚕神用的白焐肉，有与蚕名近似的蚕豆、蚕白虾，有期望蚕茧结得像鸭蛋般大的咸鸭蛋、茧子结得又多又好的炒卷子和千张（豆制品），有像蚕丝一样又白又长的丝粉头，有吃了蚕眠时不用"剔青"的炒螺蛳，还有吃了看蚕丰收有想头的咸鱼鲞和白马喜欢吃的马兰头，等等。烧煮米饭，要用预先备好的干燥马鞭（竹根）当柴，米中加一些蚕豆、竹笋、大蒜苗（蒜薹）、寒豆（豌豆）等食物。饭前，家中不论老小，均要喝一杯"杜做酒"（也称杜酒，土酿的米酒），称为"齐心酒"，吃了好"各自用心看好蚕"；还得吃清明圆子，圆子有白粉圆子和加入"草头"（青色野菜）的青圆子。清明圆子原为茧状，象征大茧子，后渐做渐圆，成了圆子。

做茧圆和吃蚕花包子 蚕事伊始或蚕罢，蚕农多用米粉做有馅或无馅团子和小圆子，称为茧圆，作为祭蚕神的供品，逐渐成为一种饮食习惯，或用于馈赠亲友。云龙村是在清明节做茧圆，茧圆有青白两种，青者代表桑叶，白者代表茧子，称为"吃青还白"（食桑吐丝），俗称清明团子、草头圆子。新中国成立后，做茧圆的习俗渐变，农户到茧站卖出茧子那天，就在茧站附近的集市包子铺买些包子，带回家给家人邻居分食，称吃蚕花包子。

演蚕花戏　春节后至清明期间，村庄上有邀请皮影戏（俗称羊皮戏）班演"蚕花戏"的习俗，历代流传，以清末民国初最盛。蚕花戏一般都演唱些吉庆祈福的文场戏，如《聚宝盆·吕金玉买鱼放生》《儿孙福·五里桥》《三角金砖·蚕花五圣得道》等正本戏；另有《八仙庆寿》《跳驾官》《灶司送元宝》等开台戏。一般由一家一户出资定做，也有数户人家合资联做的。演出的场地有三间堂屋即可，戏台由当家唤人相帮临时搭建，放几只两人木板凳，搁上几块大门板即成；再在堂屋里摆些供观众坐的条凳，大门一关便演戏。演出的正本剧目由当家点定，开台戏则由戏班按程序上演。蚕花戏开头结尾的唱词，都与养蚕有关，如"蚕神到，生意好""蚕神踢踢脚，银子塞边角；蚕神砸砸头，银子造高楼""蚕神朝东，生意兴隆；蚕神朝西，买田买地（新中国成立后改为'生儿育女'）；蚕神朝南，银子就来；蚕神朝北，发财发福"。演"蚕花戏"一般是主人家出钱，乡亲邻里都来观看。演出结束后将影戏幕纸拆下，送给当家女主人，称"送蚕花纸"。据说，将蚕花纸铺在匾里收幼蚕最好，能得蚕花廿四分。

蚕桑祭祀

蚕生日　蚕生日有农历十二月十二、正月初八、二月十二、三月初八等多种说法，云龙村蚕农以腊月十二为蚕神生日，在这一天进行祭祀。民国以后逐渐淡化，一般以点香烛纪念，仪式较为简单。这一天另有淹蚕种活动，即将自制蚕种往温开水中浸一下，晾干后重新收藏。

接蚕花　仪式皆由赞神歌手主持。在整个仪式中有一道"接蚕花"节

蚕室祭祀（2014年，
沈定国摄）

目，由歌手将事先准备好的一杆秤、一块红手帕、一张蚕花马幛（蚕神妈）
和插在黄纸上的两朵红白纸花（枝上有柏树叶）交给该家的女主人，同时
诵唱"蚕花歌"。歌词有"称心如意，万年余粮；蚕花马、蚕花纸，头蚕势、
二年势，好得势；采取好茧子，踏得好细丝，卖得好银子，造介几埭新房子"，
等等。女主人恭敬地将各物收藏，称"接蚕花"。待收茧缫丝，举行"谢
蚕花"祭祀之后，将蚕花纸、蚕花马幛祭祀焚化。"接蚕花"活动以前在
云龙一带每年农历年初二家家举行，蚕农用彩纸做成小花，中间缀以元宝，
供奉灶间，腊月二十三日送灶时与灶神像同时焚烧。

请蚕花　传说蚕神有两位，一位是女神"马鸣王"，另一位是男神"蚕
花五圣"。在春节、清明、"看蚕"前及茧子采摘后，都要"请蚕花"。
清明时请蚕花，于清明夜，将两位蚕神的神轴马幛供于朝南正位桌上，桌
前插香烛，挂纸元宝，摆上猪肉、全鱼、白焐蛋、清明圆子及藕、荸荠等，
门框上插上杨柳枝条。当家人洒酒、点香烛、叩头，蚕娘亦来拜揖，祈求
蚕花茂盛。讲究的人家，还会去地里拔几棵蚕豆和麦秧苗来，放在供桌脚边，
给马鸣王的白马食用。供请一般自中午开始，至傍晚结束，将纸马幛和纸
元宝送至门前地上烧化了，然后吃清明夜饭。

踏青轧蚕花　正清明，蚕娘们要早早起来，梳洗打扮之后，相约结伴出门去踏青轧蚕花。旧时有盐官北寺大悲阁、周王庙东北划船漾半山娘娘庙、长安鲁王坟等地，为海宁中西部轧蚕花的热闹去处。划船漾据传为宋朝小康王的王妹南逃时，因惊吓而死后葬身的地方，后当地人尊她为蚕神。每年清明节，远近蚕娘必来王妹坟前祭祀求蚕花，一时非常热闹，后来发展成赛龙虎舟的大型"水嬉"盛会，划船漾因此得名。云龙附近有盐仓的鲁王坟，也是踏青的好地方。蚕娘们一到蚕花地，便把随身带来的土制蚕种纸放在庙中菩萨前或王坟上，叩头拜揖求蚕花。随后便去人多的地方"轧闹猛"，说是轧得越结棍（厉害）越好，称为"轧蚕花"。轧好蚕花，便去地摊上买几朵茧壳做的"蚕花"，买些被称为"蚕火发篓"的竹油灯和装桑叶用的竹篓回家。

祛祟避邪

祛蚕祟　云龙一带祈蚕无病无灾的习俗：一为画白虎。即在蚕房墙壁上用石灰水画上白虎一只以辟邪。后演变为按手印，即用手掌蘸上石灰水，在墙壁上按几个白手印替代白虎。二为用桃枝祛祟辟邪。据说桃木剑能驱鬼神，蚕家便用桃枝代替，收蚁时，在蚕匾中放桃叶，在蚕房里蚕柱上插桃枝。若是从别处买来桑叶饲蚕，在把桑叶挑进蚕房前，也要用桃枝条在叶担上抽打三下，称为"拿个长头鞭三鞭"。三为送羹饭。蚕忙时，家家闭门养蚕，谢绝生人进蚕房。若是有外人不小心进入蚕房，或蚕生了病，蚕娘要避开"四眼"（第二个人），盛一盏冷饭，上放一根咸菜，插一只柴结的草鸡（称"柴嘟嘟"），端去倒在三岔路口，称"送羹饭"。

养蚕禁忌　传统养蚕，有许多禁忌，一是外人生客，不得乱进蚕房，就连身在蚕房外也不得高声说话，不得重步走路，以免发出响声，惊动房内蚕儿。二是蚕家吃食，不吃腥辣味重的鱼、羊肉、辣椒等食物，不得在蚕房内外吸烟。三是说话有禁忌，不说"姜、亮、白、爬"等字音，因蚕易得僵蚕、亮头、白肚（又名爬蚕）等病，应该违忌；喝水不说"吃茶"，

"茶"与"蛇"方言同音，蚕房里有蛇为不吉，且蛇会吞吃蚕儿；不说"里厮""外厮"，因"厮"与"死"同音，要说"里厢""外厢"。禁忌甚多，家人得时刻留神，要待采下茧子后，才百无禁忌。

扫蚕花地　大年初一蚕农家不扫地，果壳纸屑积聚越多越好。年初二清晨才扫地，清扫时用新扫帚从外向里扫，将地上杂物扫拢堆积在门角落里，称为"扫蚕花地"。扫过蚕花地，喻示全年会看蚕好，能蚕花茂盛。新年里，还有上门来扫蚕花地的乞讨人，来人手拿芦花扫帚，走到蚕农家门口，一面做由外向里扫的动作，一面口中唱着歌谣，唱的都是喜乐吉庆和有关蚕花的好口彩，因此，受到蚕家欢迎，当家人要送上小块年糕或白米相谢，扫地人则以"蚕花廿四分"的好口彩答谢。此外，做亲和办丧事也有扫蚕花地的仪式。儿女婚嫁送亲时，女儿坐上花轿被抬走后，母亲便在堂屋里扫蚕花地；男家新郎新娘拜好天地送入洞房后，婆婆也要在喜堂里扫蚕花地；人死办丧事出殡时，抬走棺材以后，小辈们便在堂屋里扫蚕花地。

唱蚕花　新年期间，有老艺人肩挑担子沿村串户唱《马鸣王》的风俗。唱《马鸣王》的担子里，一头是一只陈旧的木箱，箱上放一只小木板凳；另一头是一只敞口箩筐，筐里供一位穿红披、骑白马的彩塑女神像，就是马鸣王菩萨。演唱艺人一到蚕家门前，便卸下担子拿出小板凳来，坐下就用小锣伴奏，有腔有调地唱起来。《马鸣王》的唱词也以好口彩为主，并唱出养蚕做丝的整个过程，开头便是"马鸣王菩萨到府来，到那府上看好蚕……"用乡音土语演唱，十分亲切和动听，人称此种方式为"挑担马鸣王"。《马鸣王》唱好，当家女主人要用年糕、白米答谢，演唱者说一声"蚕花廿四分"，便挑起担子再到另一户蚕家去。

养蚕猫　在吃"清明夜饭"时，村民在自家家门口用筷击碗，嘴里呼叫着"猫咪"，称为"呼蚕猫"，认为可以避免养蚕期间老鼠食蚕。以前云龙村陈安寺、云龙寺的和尚，则会挨家挨户把画在黄纸上的"蚕猫"送到村民家里，村民将其粘在蚕匾中间。待蚕茧采收后，和尚再上门来，村民就会给一定数量的小麦以示酬谢。后来的蚕猫，也有用红纸剪成的，一般是从市场上买来。2015 年，仍有部分农户沿袭这一习俗，将纸剪的蚕猫贴在蚕匾上。

蚕桑占卜　蚕桑生产作为重要而又变化莫测的农事，古人常求助于占卜以预测丰欠吉凶。云龙一带的占卜方式称"请淘箩头姑娘"。占卜时，先在桌上放一小匾，匾中撒上糠，然后由两位女孩将米淘箩抬空，并在一侧夹一只筷子，作笔。一位老人在灶口念咒语。淘箩可针对村中人提的问题，不停地移动，通过筷子在糠上写出字样或画出图案，老人便视其状态，预测桑蚕的丰欠。

农谚、顺口溜

云龙前后一片荒，荒田荒地荒池塘。

四千亩地数千块，荒坟杂岗占一半。

廿天无雨河浜干，无水抗旱叫皇天。

百斤小麦一石谷，黄桑薄茧蚕娘哭。

南高墩、北高墩，高低相差两个人。

走出盐官西城门，望到云龙白鸟坟。

田里杂草地里坟，种种作物无收成。

田瘦地薄变面貌，桑凋茧薄换新装。

六畜兴旺好处多，路子越走越宽广。

好了桑叶坏了苗，高了蚕茧低了稻。

高产低产在于肥。

大旱三年，枝条冲天。

季节不等人，肥料赛黄金。

养蚕多少在于桑，产茧多少在于养。

春蚕分批养，夏蚕适当养，早秋合理养，中秋积极养，晚秋看叶养。

养好小蚕一半收。

穿着丝绵袄，不忘养蚕妇。

多吃一片叶，多吐一口丝。

过去叫蚕乡，家家愁断肠。今天看蚕乡，一片新气象。

有干劲就有肥料。

作物一落黄，就靠化肥挡。

肥料是个宝，增产不可少。

干部一带头，群众有劲头。

糠菜半年粮，御寒少衣裳。

猪羊多，粮多桑麻多；
粮多桑麻多，饲料副产品多；
饲料多养猪多，蚕沙多养羊多；
猪羊多又肥料多，肥料多又是粮多桑麻多……（连环套）

歌谣　歌词

扫蚕花地唱词

啪唰嗒，一扫帚，扫到当家大门口，
屋里宽大亮悠悠，三间厅堂九路头。
蚕花五圣坐上头，春蚕要看大张头。
采得茧子像山头，卖脱茧丝造高楼。

啪唰嗒，一扫帚，扫到当家灶边头，
当家娘娘生来巧，烧出蚕饭带彩头。
白米饭，芽蚕豆，清炖咸鱼有鲞头。
白焐肉，蚕白虾，还有千张马兰头。

啪唰嗒，一扫帚，扫到当家床横头，
雕花床，金帐钩，丝绵被，几重头。
床里一对花枕头，两只鸳鸯头碰头。
恩爱夫妻到白头，夜夜困嘞一横头。

啪喇嗒，一扫帚，扫到当家后门头，

猪棚羊棚排排齐，六畜兴旺样样有。

过年雄鸡四只头，拾来鸭蛋装篓斗。

湖羊养来像白马，肉猪养来像黄牛。

《马鸣王》唱词

马鸣王菩萨到府来，到那府上看好蚕。

马鸣王菩萨净吃素，教得千张豆腐干。

腊月十二蚕生日，家家打点蚕种淹。

正月过去二月来，三月清明在眼前。

清明夜里吃杯齐心酒，各自用心看好蚕。

大悲阁里转一转，买来蚕花糊汰盘。

伯姆道里瞒得好，包好蚕种放枕边。

歇了三日看一看，打开蚕种绿现现。

快刀切出金丝片，打出乌蚁万万千。

三日三夜困头眠，两日两夜困两眠；

梓树花开困出火，楝树花开困大眠。

大眠捉得份量多，一家老小笑开颜。

当家大伯有主意，桑叶地里转一转。

旧年老叶勿缺啥，今年要缺两三千。

当家娘娘有主意，吩咐开出两只买叶船。

一只开到许村去，一只开到章婆堰。

望去一片兴桑园，停脱船来问价钿。

昨日贵到三百六，今朝贱脱一大段。

难为三摊老酒钿，装得船里满堆堆。

一橹双桨来得快，顺风顺水摇到石坨边。

一根扁担两头尖，一挑挑到大门前。

连吃三饲树头鲜，个个通到小脚边。

东山木头西山竹，搭起山棚接连天。

前厅后垱都上满，一上上到灶脚边。

歇了三日望一望，好像十二月里落雪天。

去年采得千斤茧，今年要采万斤茧。

来者保你千年富，去者保你万年兴。

云龙之歌

（一）

钱塘江的潮水连天涌，我站在江边唱云龙。

云龙大队风光好，一年四季漾春风。

喷灌站吐出白雨珠，气象哨收进万丈虹。

蚕宝宝喜结银丝茧，桑园地一片绿葱茏。

钱塘江的潮水连天涌，我站在江边唱云龙。

云龙大队风光好，一年四季漾春风。

四季风光赞不尽，世世代代唱云龙。

（二）

钱塘江的潮水连天涌，我站在江边唱云龙。

大队宣传队在云龙茧站演出（1977年摄）

云龙谣

词 祝浩新

曲 宓铮

1=♭A 4/4

中速

(1 2 | 5.3 3 - 1 2 | 5.3 3 - 1 2 | 5.3 3 1 2 3 2 2 6 | 2 - - 1 2 | 5.3 3 - 1 2 |

6.5 5 - 5 1 | 2 3 2 2 1 2 3 2 2 6 | 5 - - - ‖: 5 5 5 3 2. 2 2 2 3 | 5 - - - |

1. 莺飞草长江南 的 春，
2. 潮起潮落钱塘 的 路，

6 6 5 6 1 1 6 6 2 3 2 | 2 - - - | 5 5 5 1 2 2 2 5 3 | 3 - - - | 6 1 1 5 6 6 2 2 |

云中的龙语宛然在耳 旁；　　柔嫩桑枝蜿蜒数千 年，　　马鸣王的传 说
云中的龙语宛然在耳 旁；　　进取的梦延续数千 年，　　马鸣王的传 说

2 2 3 5 6 5 - | 3.5 5 2 3 5 5 | 6.5 6 2 3 5 - | 6.1 1 6 6 2 2 | 2 5 5 2 3 2 - |

还在河埠 头。　白花花的蚕 啊 爬呀爬上 山，　哪家儿童嬉 戏　追逐意正 酣；
还在桑田 间。　白花花的茧 啊 堆啊堆满 楼，　哪家蚕娘阑 干　凭倚笑正 浓；

3.5 5 2 3 5 6 5 | 6.1 1 5 6 5. 5 | 6.5 3 0 2 1 6 6 1 | 2 5 5 2 3 | 1 - - - |

古 老的东 方，小呀小村 落，那丝绸连 接了　古往今 来。
钱 塘江 畔，小呀小村 落，那蚕桑连 接了　五湖四 海。

3 1 2 1 2. 5 5 2 3 | 2 - - - | 2 2 1 2 1 2. 1 6 | 6 3 0 0 3 5 | 6.6 6 5 6 5 3 3 5 |
　　３

风吹稻花万家 灯 火，　　　水乡的精彩一点 点 多；今朝 风华 正 茂,勤劳的

2 3 2 2 2 2 2 1 6 | 5.2 3 2 2 - | 2 2 2 1 2.6 6 1 2 | 1 - - - | (间奏)：‖
　　　　　　　　　　　⌐1

双 手 换来稻花 香千 里，　　听取蛙声一片 片。

⌐2

3 1 2 1 2. 5 5 2 3 | 2 - - - | 2 2 1 2 1 2. 1 6 | 6 3 0 0 3 5 |

风吹 稻花 万家 灯 火，　　　水乡的 故事一点 点 多；　　未来

6.6 6 5 6 5 3 3 5 | 2 3 2 2 2 2 2 1 6 | 5.2 3 2 2 - | 2 2 2 1 2.6 6 1 2 | 1 - - - |
　　　　　　　３

蓝图 锦 绣,勤劳的 双 手 换来风月 醉云 龙，　　述说人美花又 好，

2 2 3 2 1 2.6 6 1 2 | 1 - - - | 2 2 2 1 2.6 6 1 | 1 - - - | 2 2 2 1 | 2 6 - - |

述说 人美花又 好，　　　述说人美花又 好，　　　述说人美 花又

⌐1 2 1 1 - - | 1 0 0 0 ‖

好

（2015 年）

云龙大队历史长，良渚文化民族风。

稻田里唱起丰收谣，鱼塘边敲响幸福钟。

和谐相处重礼教，丝绸连接中国梦。

钱塘江的潮水连天涌，我站在江边唱云龙，

云龙大队风光好，一年四季漾春风。

风光好，民族风，世世代代唱云龙。

（黄加平，1980年）

第二节　蚕桑遗迹、景点

云龙接待站

在云龙接待站建成前，云龙因陋就简在大队机灌站接待来访的客人，需要住宿的客人被安排在云龙茧站，条件很艰苦。1972年开始筹建云龙接待站，由县政府拨款建造，作为海宁县委派出机构，站址选在龙潭上云龙大队队部。同年，县政府专门修建从沪杭公路（胡家兜）直通云龙大队的公路，方便参观者进入云龙。1974年，云龙接待站第一期工程接待用房7间完工并投入使用。1978年7月，续建两层楼的云龙招待所，供参观者住宿。招待所建筑面积630平方米，投入钢材约3吨，木材5立方米，投资约3.2万元。

由云龙接待站改的云龙村委会（2013年火灾后摄）

接待站由县政府拨款维持日常开支，设站长1名，出纳、厨师各1人，招待所服务员2人。首任站长陈家昌，工作人员有戴娟芬、曹娟芬、陆中英、朱叙月等。1995年，云龙接待站撤销，房屋无偿划给村里，作为办公和文化活动用房，2013年受到隔壁火灾影响，房屋大部分损毁。2014年，经村委会征求各方意见后拆除重建。

云龙茧站

1950年年初云龙茧站设于云龙大队。1960年，始建新的云龙茧站第一期工程，1967年前后扩建第二期工程。建成后的云龙茧站坐落在云龙东港西岸，地属第二生产队，小地名镶子坟。茧站坐北朝南，有东、南两侧环河，东、南、西向三条泥路通往各地，数量较大的茧子通过船只运送。茧站东西长54米，南北宽43米，总建筑面积3399平方米。其中一楼建筑面积为2120平方米，二楼建筑面积为1279平方米，包括干茧存放面积为951平方米。茧站功能布局主要有收茧大厅、茧库、烘茧房和宿舍楼等。

茧站走廊为砖混结构，敞开式，方形砖柱，顶部有"云龙茧站"四个大字。收茧大厅为八开间砖木结构，人字架梁，两侧设有茧子质检室。茧库分两层，层高3.4米，一楼存放鲜茧，东侧茧库为砖木结构，圆形木柱，架设木质楼板。西侧茧库为砖混结构，方形砖柱，架设五孔水泥板，鲜茧通过烘茧房烘干后存放于二楼。烘茧房为砖木结构，人字架梁，摆放烘茧设备和机器，工人分班次连夜对鲜茧进行烘干处理，烘茧房东侧为宿舍楼。

云龙茧站负责收购钱塘江公社云龙、胡兜等3个生产大队的蚕茧，烘

云龙茧站（1985年摄）

茧能力为 150 吨。茧站无常驻人员，配备挂职站长 1 人，政治指导员 1 人。每年蚕茧收购季节，从相关单位抽调各类专业人员和劳动力协助，其中评茧台的主评、助评和助手来自浙丝一厂，财会人员来自供销社，烘茧使用以煤为燃料的热风推进灶，有烘灶 2 台。

1982 年 5 月，云龙茧站站长褚林泉，副站长汪根洪、贝炳松，委员有朱妙珍和许叙奎。1995 年，云龙茧站停止运营。2015 年，云龙茧站被列为海宁市文物保护点，房屋产权属市供销总社，出租给私营工厂作厂房使用（见图 7-1）。

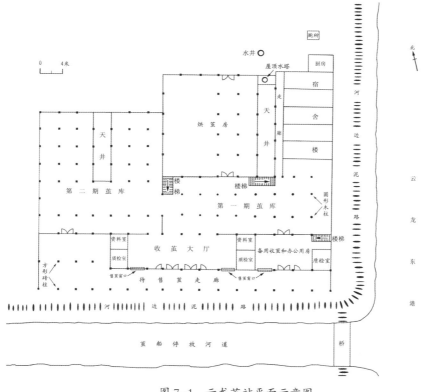

图 7-1 云龙茧站平面示意图

云龙丝织厂

云龙丝织厂位于云龙东港西岸，石肖路南侧，面积约 4000 平方米，有办公楼、翻丝车间、缫丝车间、仓库、锅炉房等。办公楼坐北朝南，砖混结构，面阔 8 间，两层楼，翻丝车间位于办公楼底层。缫丝车间有 3 幢，每幢面阔 8 间，砖混结构，拱桥形混泥土梁架，南北两面开老虎窗，屋顶为红色洋瓦。最南面为两层砖混结构的仓库，东面为锅炉房。马家桥河西厂区建于 1986 年，河东厂区建于 1995 年。2015 年，已改作其他工厂使用。锅炉房已被拆后改建。

建于 1986 年的云龙丝织厂马家桥河西厂区（2015 年摄）

六队楼房蚕室

位于云龙村六组，建于 1975 年，为云龙集体养蚕时期建造的第一家楼房蚕室，共有 9 间。1982 年以后不再作为蚕室使用。2015 年，楼房已经过修缮，改作村民住宅。

建于 1975 年的云龙六组楼房蚕室西北侧（2015 年摄）

电气化楼房蚕室

1976 年，第八生产队从节约利用土地面积和饲养技术要求两方面考虑，建造双凉棚楼房蚕室。该蚕室位于陈角落自然村东南角，南靠石肖路。

蚕室门窗和室内设置与第六生产队楼房蚕室基本相同，面阔9间分两层，进深10米，开间3.8米，前走廊宽2米，瓦凉棚宽4米，中心一间为楼梯。所不同的是蚕室的加温由电控制，以一套电气设备加热。此外，在屋子南面除底层凉棚以外，从楼房屋顶向外延伸再搭建一层凉棚，上下两层凉棚交错覆盖，更有利于隔热和换气。此蚕室为全国两家试点之一，但只建造一半就停建了，没有启用。2015年，电气化蚕室房屋尚保存完好，已改作羊舍。

建于1976年的云龙八组
电气化楼房蚕室西北侧
（2015年摄）

云龙蚕俗文化园

从2009年开始，云龙村民徐国强个人出资270万元，在徐家兜建设云龙蚕俗文化园，占地面积10亩，至2012年建成开放，成为云龙村蚕桑

建于2013年的云龙
蚕俗文化园传习室
（2016年摄）

文化传承新的亮点。2013 年，得到省级资金扶持，对蚕俗文化园进行扩建，总占地面积 58 亩，建筑占地 3.8 亩。园内以蚕俗文化大舞台为主体，建有蚕花堂、南厢房、五圣亭、土丝坊、丝情阁、闲人居、珍史馆、仙鹤亭、西走廊等仿古建筑，设有蚕俗文化展示馆，陈列古老蚕具、织布机、踏丝车等传统养蚕、缫丝器具。另外还有桑果园、老桑树林、环形河、蚕花桥、黑木耳培育基地、蚕桑土特产商店、休闲广场等。从 2012 年开始，每隔一年的 5 月，周王庙镇蚕俗文化旅游节都在园中举办。

第三节　人　物

人物小传

蒋猷龙（1924—2009）　浙江省农业科学研究所蚕桑系研究员，蚕桑文化史专家、丝绸教育家。江苏宜兴人。1950 年毕业于国立浙江大学农学院蚕桑系，同年进入浙江省农林厅蚕业改进所工作，1958 年参与筹建浙江省农业科学研究所蚕桑系，曾任九三学社浙江常委，浙江蚕桑学会副理事长，中国蚕学会理事，浙江农业大学、浙江丝绸工学院客座教授，东京大学客座研究员，中国丝绸博物馆顾问。

蒋猷龙（中）与他的学生在一起（1985 年摄）

蒋猷龙学识渊博，成果丰硕，著作等身。早年有《桑叶的发育和高产》等四部专著,《蚕业显微镜检视法》等六部译著出版; 一生发表150余篇论文。他主编的《中国养蚕学》获农业部1997年科学技术成果一等奖, 1985年与日本学者吉武成美合作进行"家蚕的起源与分化"研究, 并成为他最主要的研究成果。晚年仍笔耕不辍, 出版有《浙江认知的中国蚕丝业文化》, 主编有《中国蚕业史》。

1964年, 省农科院蚕桑研究所、浙江农业大学蚕桑系等蚕桑科研单位组成工作组, 进驻云龙大队, 建立了"蚕桑丰产样板", 蒋猷龙担任组长。到20世纪70年代末为止, 蒋猷龙长期在云龙从事蚕桑方面的研究和实践, 同时指导云龙大队的蚕桑生产, 为云龙的蚕桑发展做出了特殊的贡献。

李锦松(1927—2000) 云龙村李家埭人。1939年小学毕业后一直在家务农。1953年, 民主乡组建第一生产合作社, 李锦松任社长, 同年加入

李锦松和村民一起劳动(20世纪70年代摄)

中国共产党。1954年3月任中共民主乡支部书记。1956年2月并乡后任中共民一高级社支部书记。1958年10月钱塘江人民公社成立后，李锦松任钱塘江公社副社长。1961年5月大公社规模调整，李锦松任云龙大队党支部书记，一直至1968年5月。1970年10月起，任钱塘江公社第四届党委委员、云龙大队党支部书记。1973年11月任钱塘江公社党委副书记、革委会副主任，兼任云龙大队党支部书记。1977年2月调任海宁县委副书记，分管农业工作。1981年9月任海宁县副县长。1984年至1989年，任海宁市政协主席。

李锦松从参与组建初级社开始，一直到云龙大队，在基层任党支部书记23年。期间他坚持农民本色，处身田头，踏实工作，全面掌握和钻研农业技术，团结党支部和大队领导班子，带领群众努力改变云龙大队面貌。从1968年开始，发动全体社员平整土地，改造低产田，用人工进行农田基本建设，三年间改造良田640亩。

李锦松重视蚕桑生产，注重把先进的蚕桑科技应用到云龙大队的蚕桑生产实践中去，他与大队领导班子一班人经过多年的努力，把云龙大队建设成了全县蚕桑生产和"农业学大寨"的先进典型，《人民日报》曾长篇报道过云龙大队的先进事迹。1976年12月，李锦松赴京出席全国第二次"农业学大寨"会议。在调任县领导后，李锦松仍然坚持每年一次回到云龙，与农民一起劳动、交流。

人物简介

陈东海（1928—2005） 云龙村渔家庄人。1963年起担任云龙生产大队党支部副书记、大队长，1976年10月担任云龙大队党支部书记。第五届（1979—1984）中共海宁县委委员。

陈东海（中）（1977年摄）

朱芝明（1932— ） 云龙村油

朱芝明（1977 年摄）

车桥人，1976 年担任云龙生产大队长，1985 年 1 月任中共云龙村总支部书记。海宁县（市）第八、第九届人大常委会委员。1985 年被评为浙江省劳动模范。

张纪兴（1936— ） 云龙村六组人。1976 年至 1987 年，担任云龙大队（村）党支部（总支）副书记，分管蚕桑工作。

张子祥（1926—1994） 云龙村一组人。1961 年至 1986 年，在云龙大队（村）担任蚕桑辅导员 26 年。

朱祖法（1936—1990） 云龙村十六组人。1962 年至 1986 年，在云龙大队（村）担任蚕桑辅导员 25 年。

贝利凤（1951— ） 云龙村沈家门人。自小跟随祖母、母亲养蚕、剥茧、缫丝。1965 年进村土丝厂跟随韩宝仙学习土丝缫制技艺，为云龙蚕桑生产习俗非遗项目代表性传承人。

第四节　荣　誉

全国性荣誉

1960 年 4 月，云龙大队民兵连连长范培荣赴京出席全国民兵代表大会，集体受到毛泽东主席、朱德总司令等党和国家领导人接见。1976 年 12 月，大队党支部书记李锦松赴京出席全国第二次"农业学大寨"会议。1978 年 4

月，大队长朱芝明出席全国科学大会，云龙大队获"全国科学技术工作先进集体"称号，国务院授予云龙大队由华国锋总理签署的奖状。同年10月，朱芝明出席全国农学会年会。1979年11月，朱芝明出席全国蚕学会年会，当选为理事。同年12月，国务院授予云龙大队"在社会主义建设中成绩优异"嘉奖令，大队党支部书记陈东海赴京参加授奖仪式。是年，大队妇女主任陆小凤被授予全国"三八红旗手"称号。

1960年云龙大队民兵连连长范培荣出席全国民兵代表大会留影

省级及市县级荣誉

1969年，云龙大队妇代会成为由海宁县妇联、农林局主办的"三八"银茧赛优胜单位；云龙大队建一生产队、建一（2）班获"三八"养蚕室先进集体；陆小凤获"三八"银茧赛、银花赛先进个人。1977年，云龙大队荣获年度省级先进单位。1982年，云龙大队受到浙江省人民政府先进集体表彰。1983年，云龙村党支部被海宁县委评为先进党支部。1984年，云龙村被浙江省爱国卫生运动委员会授予"文明卫生村"称号；同年，被省、市、县命名为文明村，村支部被海宁县委评为先进党支部。1985年，

原大队书记朱芝明在1985年荣获省级劳动模范的证书

云龙村总支部书记朱芝明被浙江省人民政府授予"浙江省劳动模范"称号。1995年，村党总支书记朱云生被评为嘉兴市劳动模范和海宁市劳动模范。1995年至1997年，云龙村被嘉兴市人民政府评为百强村。2009年，云龙村被列入嘉兴市非物质文化遗产生态保护区（云龙蚕桑）。2013年，云龙村获得"浙江省级蚕桑社会化服务示范基地"称号。2014年，云龙村获得"浙江省历史文化村落"（民俗风情村落）称号。

第五节 杂 记

云龙大队在集体养蚕时期，出现过许多与蚕桑相关的人物事迹。

1963年，第三生产队蚕室室长章林西，是年51岁。她从小养蚕，有着30余年的养蚕经验。这一年饲养夏蚕时，遇上12号台风过境，大雨滂沱，蚕室进水，眼看就要淹到蚕，她夜以继日，不断地把水从室内排出去。次日清晨，她将自己家里的石灰全部拿出来，并到社员家里收集草灰，用来吸附蚕室地面的潮气，连续两天两夜不合眼。由于她和大家的努力，夏蚕生长基本没有受到台风带来的涝灾影响，这一年她主管的蚕室夏蚕产茧量达到每张蚕种27千克。

1964年，生产队建造蚕室时，砖瓦、木材等建筑材料奇缺，大队动员了 130 个劳动力到盐官市河里去收集断砖，共从水下摸到砖头 200 吨。第十九生产队的陈圣林，将三年前自己攒下准备建房子的 4 根木头也借给了大队建蚕室。

1968 年，第十七生产队的张彩宝担任室长的蚕室，房屋简陋，给消毒、保温等带来很大困难，但是张彩宝克服困难，以勤补拙，付出更多的努力，坚持在艰苦的条件下养蚕，结果她的蚕室单产超过全大队的平均水平，总产增长 57.4%。是年，三队养蚕室饲养员陈雪宝，收蚁值班昼夜不眠；四队等 3 个生产队无条件拿出 80 多只蚕匾支持九队养蚕；七队等 5 个生产队以老带新，一帮一，帮助上海市金山县培训青年养蚕手 26 人；十九队饲养员把自己家的热水瓶、小火缸、铜火炉等拿到蚕室供集体使用，解决蚕室加温用具不足的困难；春蚕期，大队抽调饲养员分别到上海、嘉兴和本县其他公社帮助养蚕；67 岁的张锡金一家 18 人，二儿子是海军军官，女儿当了丝厂工人，还有两个儿子在家当农民，也造起了 3 间瓦房，家里有 2 台收音机、1 架缝纫机、5 只手表和 39 头猪羊，家中年年有存款。

1969 年，民二生产队田块旱地高低不平，地形崎岖，乡谚有"南高墩、北高墩，高低相差两个人"之说。大队发动 3 个生产队社员负责平整土地，这 3 个生产队全员劳动力只有 314 个，一个冬春，平均每人要做 100 多工，挑土 16000 多担。劳动强度巨大，大家一人顶两人，连续苦战。曹法根扁担挑断一根又一根，日夜在工地；老农沈进法带领全家老少挑土；女干部朱爱仙、朱爱芬带领妇女与男社员一样挑土。最后，大家齐心协力花了 60 天，将两个高墩挑平，呈现"南北高墩不见影，连片土地一样平"的新景象。

1970 年冬，在长港干河时，为了抢抓时间，老人陈炳仁、沈金浩及青年徐根楚，轮班 12 个昼夜，坚守在坝头抽水。

1973 年饲养春蚕时，长期阴雨，给采叶喂蚕带来困难。大队落实劳动计酬政策，社员热情高涨。一天晚上，已采桑叶快要用完了，而蚕儿正在旺食期，情况紧急，大队用喇叭一播，500 多名男女社员挑灯夜战，冒雨采桑，采回湿叶后，家家户户用毛巾、被单把湿叶一张一张擦干，再用擦干的桑叶饲蚕。云龙实行男女同工同酬，充分发挥了女社员的积极性。是年夏季积肥时，她们跑了2个县、8个公社，想方设法积土杂肥，甚至扒烟囱灰做肥料。有位新婚不久的女社员，第一次回娘家，就先给队里扒烟囱灰。党支部书记李锦松，工作多、外出忙，但一回到大队里，就立即和社员一起劳动，其他副书记、委员也一样参加劳动。

1974年，大队挑选20名青年社员担任蚕室室长。老室长张林华热心传帮带。春蚕饲养期间，他家里有3个人得病，但他仍身不离蚕室，一心养好蚕。青年室长沈海红在他的帮助下，虽然第一次养蚕，但连养五熟，都获得高产，产量达到全大队第一。是年第十二生产队在处理劳动计酬时，搞了个"外面讲定额，暗里老办法"，影响了养蚕和水稻生产。大队发现后，帮助生产队及时纠正。

1976年，小蚕期饲养温度低，空气湿度大，直接影响蚕的整体发育，五队曹阿玉、十队戴杏英等饲养员，严格选叶，抓好眠起处理，做到眠前吃饱，喂蚕及时，有效地避免了蚕病发生。

1977年，建一（2）班蚕室室长陆连芬，带领12位妇女养春蚕21张，平均张产46.94千克，每百斤茧的平均价格为166.47元，成为当时云龙产量最高的蚕室。是年养中秋蚕，遭遇高温。为了降温，五队饲养员曹阿玉带头把家里的新被单拿到蚕室里，用井水浸湿当窗帘，降低蚕室内的温度。其他人看到后，纷纷效仿，拿来家里的被单、衣服等用于蚕室降温，终于控制了室温。十队室长戴杏英和十三队蚕桑队长、蚕室技术员陈惠芬等，爱室如家，爱蚕如子，做好了传帮带工作。九队蚕室室长姚定仙、饲养员张林华等，起早贪黑，挑井水、抗高温，将室温控制在29.4℃以下，使中秋的10张蚕种平均张产35.92千克。

在蚕桑生产中，随着蚕季增加，蚕种年年加码，工作量加大，几百名男女饲养员常常冒雨采桑，深夜切叶，昼夜喂饲，每天至多睡两三个小时，很多人眼睛熬红，身体疲惫。第一生产队蚕室室长陈长贤，妻子生病在杭州住院开刀，当时正值春蚕饲养的关键时刻，他到杭州陪护了一天就回来了，并说："老婆在医院里有医生护士照顾，个人的事情再重要，也没有集体事业重要。"

1978年，十三队蚕桑队长陈惠芬，年事已高，但不服老，她家就在蚕室后面，经常拿着饭碗进蚕室，边吃饭边观察。是年夏蚕期间，遇到少见的高温，蚕儿面临发病的危险，当时陈惠芬老人身体不好，血丝虫病复发（俗称"大脚风"），走路十分困难，她不顾家里人劝阻，仍然住宿在蚕室。一天夜里，大家已经睡熟，突然一阵雷电，摊在外面场地上的砻糠灰眼看要被雨淋湿了，她没有把别人叫醒，一个人默默地将砻糠灰抢收进屋内。

十五队妇女队长兼室长褚金仙，总是第一个进蚕室、最后一个出蚕室，以身作则。该生产队蚕茧产量年年名列全大队前茅，1979年，全年平均张产达到37.64千克，亩桑产茧超过200千克。

金玉珍老人常回忆过去，对照现在，为年轻人做思想工作，并十分体贴年轻人，她常常说："青年人要睡好，我年纪大了，只要有2个小时睡就够了。"她和别人一道值班时，经常让别人休息，自己看管。

第八章

交流活动

第一节　接待与外派

外宾接待

　　20世纪60年代后期，云龙接待来自五湖四海的参观学习团队越来越多，其中不乏要求来访的外宾，接待工作得到浙江省外事办公室和海宁县委的大力支持。1973年10月，云龙大队被浙江省外事办公室定为外宾参观访问定点单位。1974年6月，接待的首批外宾为日本日中农业农民交流协会养蚕代表访中团一行8人，他们参观考察了民三、六队、五队、八队畜牧场、丝

接待日本来宾（1974年摄）

厂及六队养蚕室。是年共接待外宾 5 批次 39 人。1976 年，为 8 批次 143 人，是接待外宾人次最多的一年。1979 年，有 10 批次 97 人参观云龙。1982 年接待来自 10 个国家的外宾 9 批次 44 人。截至 1982 年，共有来自 32 个国家的 629 位外宾到云龙考察访问。此后，尚有零星的外宾接待，如 1993 年 10 月，接待过印度留学生参观。

外宾接待通常由云龙大队负责人介绍云龙的基本情况、取得的实绩，特别是蚕桑发展成绩；与参观者交流意见和体会，回答参观者的提问；带领外宾实地参观云龙的养蚕生产等现场。当时大队第六生产队及第五生产队为蚕桑生产定点参观点，接待了很多包括国际友人在内的参观者现场观摩。

附：20 世纪七八十年代云龙大队接待外宾参观名录

1974 年 6 月 5 日，日本日中农业农民交流协会养蚕代表访中团一行 8 人，参观、考察民三、六队、五队、八队畜牧场、丝厂及六队养蚕室。

1974 年 6 月 24 日，埃塞俄比亚冈达尔市市长塞龙姆和夫人参观民三、五队、六队养蚕室和五队、六队、八队畜牧场及云龙丝厂、大队机耕站。

1974 年 7 月 27 日，法国全国动物生理研究院院长等参观考察。

1974 年 9 月 16 日，马来西亚贵宾 5 人到访考察。

1974 年 10 月 25 日，美国贵宾 22 人到访考察。

1975 年 5 月 14 日，朝鲜民主主义人民共和国蚕桑考察团 4 人到访考察。

1975 年 8 月 8 日，罗马尼亚第五批访华旅行团一行 28 人，参观五队、六队、八队畜牧场和第六生产队蚕室。

1975 年 8 月 15 日，委内瑞拉访华团一行 35 人，参观云龙第六生产队的蚕室和五队、六队、八队畜牧场及丝厂。

1975 年 8 月 16 日，澳大利亚墨尔本侨联社旅行团一行 20 人，参观第六生产队蚕室和丝厂。

1975 年 9 月 20 日，墨西哥瓜纳华托州大学医学系代表团一行 21 人，参观第六生产队蚕室。

1976 年 6 月 14 日，英国"英中友好"访华团一行 15 人，参观云龙大队桑园科学化管理。

1976 年 7 月 7 日，澳大利亚工党支部代表 22 人、美国商人一家 4 人到访考察。

1976 年 7 月 13 日，日本纺织业访华团 32 人到访考察。

1976 年 8 月 19 日，法国夫妇 2 人到访考察。

1976 年 8 月 28 日，日本山梨县"日中友好之翼"访华团一行 43 人到访考察。

1976 年 8 月 29 日，新西兰中小学教师访华团一行 24 人到访考察。

1976 年 9 月 23 日，菲律宾银行职员 1 人到访考察。

1977 年 5 月 20 日，巴基斯坦国会议员库克女士一行，参观第六生产队蚕室。

1977 年 5 月 28 日，阿尔及利亚蚕桑考察队阿里等 3 人到访考察。

1977 年 6 月 7 日，澳大利亚基金访华团 7 人，参观六队蚕室和大队合作医疗室、丝厂。

巴基斯坦来宾参观云龙六队蚕室（1977 年摄）

1977 年 6 月 13 日，美国关岛教师代表团 20 人，参观六队蚕室和丝厂。

1977 年 6 月 26 日，日本丝绸专业友好访华团 25 人到访考察。

1977 年 10 月 25 日，美国贵宾一行到访考察。

1978 年 5 月 10 日，西萨摩亚农林部长（代总理）弗依玛诺·米米奥一行 4 人，在国务院副总理纪登奎陪同下参观云龙大队。

1978 年 5 月 14 日，摩洛哥参观团一行 3 人到访考察。

1978 年 5 月 17 日，澳大利亚大学生旅游团 26 人到访考察。

1978 年 5 月 22 日，澳大利亚农业考察团 18 人到访考察。

1979 年 4 月 12 日，日本蚕桑考察代表团 20 人到访考察。

1979 年 4 月 25 日，意大利服装协会 4 人到访考察。

1979 年 4 月 28 日，德意志联邦共和国记者 1 人到访考察。

1979 年 4 月 29 日，美国驻泰国丝绸公司总经理夫妇 2 人到访考察。

1979 年 5 月 12 日，联合国组织 13 国蚕桑考察团一行 20 人抵云龙大队考察。

1979 年 6 月 3 日，菲律宾蚕桑考察团 5 人到访考察。

1979 年 7 月 6 日，法国旅行团一行 20 人到访考察。

1979 年 9 月 18 日，由德国、法国、意大利、西班牙、瑞士五国组成的考察团 17 人抵云龙考察。

1979 年 9 月 19 日，墨西哥蚕桑丝绸考察组 2 人到访考察。

1979 年 10 月 5 日，泰国蚕桑考察团一行 6 人到访考察。

1980 年 9 月 11 日，加拿大农业部长尤金费·惠兰率农业代表团一行 16 人抵云龙大队参观。

1983 年 7 月 8 日，中非共和国国家复兴军事委员会主席、国家元首安德烈·科林巴一行，有商业部部长刘毅、副省长沈祖伦等陪同，参观云龙村。

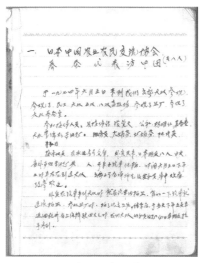

1974 年接待日本贵宾参观记录

1974 年接待法国贵宾参观记录

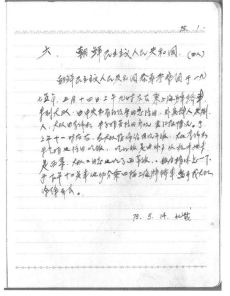

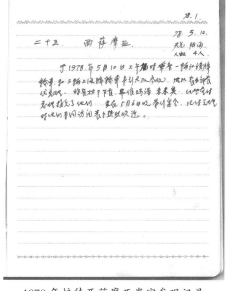

1975 年接待朝鲜贵宾参观记录　　1978 年接待西萨摩亚贵宾参观记录

国内参观接待

1963 年，云龙大队亩产"千斤桑百斤茧"的成绩扬名全国，各地至云龙参观取经的人络绎不绝，接待成为云龙大队的重要工作。1972 年，接待浙江省至云龙参观的人数达到 83332 人，次年 46455 人，此后逐年下降，但从 1974 年起，外省至云龙参观取经的人数又有增加。1974 年，接待 10 个省、61 批、1678 人；1975 年，15 个省、130 批、2317 人，接待本省的参观团达 256 批、18327 人。1977 年组团至云龙参观的省份最多，达到 20 个省、114 批。1978 年参观的人数达到高潮，共有 17 个省、118 批、5792 人。同年，本省内有 138 批、23347 人。1982 年，接待外省参观批次最多，达到 134 批。至 1983 年，共接待国内 24 个省及本省 63 个县的蚕桑代表团参观学习，此后逐渐减少。1984 年，接待 9 个省市、36 批、699 人。1985 年为 16 批，1986 年 14 批，1987 年后寥寥无几。至 1994 年为 2 批，1995 年接待站的接待工作结束。这些至云龙参观的团体大多是县级政府、部门或公社组织带队，也有蚕桑研究所、院校、蚕种场等专业单位，以及杂志等专业、宣传媒体。

接待各地来宾（1977 年摄）

1980 年接待外省团体参观记录

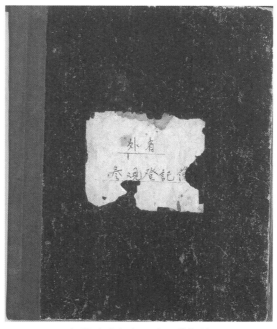

1991年接待外省团体参观记录

云龙村《外省参观登记簿》封面

外出辅导

1969 年，云龙大队派出一批蚕业辅导员，到上海、温州和本县新蚕区辅导。此后至 1979 年的十年中，云龙有 25 人外出担任蚕桑辅导员，去的主要是海宁县内的 3 个公社、浙江省内的 5 个县（市）及湖南、河南和上海金山县等地，为普及科学养蚕知识和技能，以及推动当地蚕桑生产的发展起到了积极作用。

第二节　重要会议

全县蚕桑工作会议

1972 年 12 月 18—25 日，海宁县农业局在云龙大队召开全县蚕桑工作会议。全县各公社、大队分管蚕桑生产的负责人，部分生产队代表及县级机关有关部门负责人共 861 人参加会议。

云龙大队蚕桑机电化设计和协作座谈会

1978 年 3 月 7 日，海宁县科技局在云龙大队召开云龙大队蚕桑机电化设计和协作座谈会，出席会议的有中国农林科学院蚕桑研究所，江苏省苏州蚕桑专科学校，浙江省有关业务主管部门，科研、教育、蚕种场、公社、工厂等单位代表，还有参加编写《养蚕学》教材的广东、辽宁、云南、安徽等省农业大学、农学院的教师，共 39 个单位 58 人，会期 3 天。

在会上，由云龙大队介绍初步设想，同时展示由江苏蚕研所设计定型、红江农机厂生产的 YM400– 加型切桑机。中国农科院蚕研所、浙江省农科院蚕科所进行指导和介绍国外蚕桑机电化概况，有关单位介绍蚕桑机具设计试制经验和成果。与会者参观了云龙大队桑园、蚕室和有关机具操作现场。会议最后形成《海宁县钱塘江公社云龙大队蚕桑机电化设计和协作座谈会会议纪要》。

"桑园高产稳产"学术讨论会

1981 年 11 月 3—5 日，浙江省蚕桑学会和嘉兴地区蚕桑学会在云龙大队联合召开桑园高产稳产学术讨论会。来自生产、科研、教育的 43 名代表出席会议，中国农业科学院蚕业研究所程正生也应邀出席，并作了题为"丰产桑园的栽培管理"的报告。

第三节　主要活动

蚕月条桑·江南水乡蚕桑丝织主题摄影展

2012 年 7 月 13 日至 9 月 7 日，由浙江省文化厅主办，中国丝绸博物馆、海宁市摄影家协会承办，在中国丝绸博物馆举办，展出摄影作品 200 余幅，分为"栽桑养蚕""缫丝织绸""蚕乡民俗"三大部分，其中反映云龙村蚕桑生产和文化的照片接近一半。展览期间接待 5000 余名观众参观。

"云龙村的蚕桑记忆"展览

2013 年 4 月 3 日至 5 月 10 日，由中国蚕桑丝织文化遗产生态园（筹）主办，中国丝绸博物馆、海宁市史志办公室、海宁市文化广电新闻出版局、周王庙镇云龙村村委会共同承办，在中国丝绸博物馆举行。展览分为"蚕乡风貌""技艺传承""蚕俗传承""珍贵记录"四个主要部分，展出以方炳华为主拍摄的云龙蚕桑生产历史照片 100 余幅，由新猷资料馆和方林峰等提供的蚕桑档案实物 35 件。《中国文化报》、人民网、新华网等诸多媒体作了报道。

"蚕桑新村话云龙"讲座

2013 年 11 月 29 日，张镇西在中国丝绸博物馆活动报告厅作题为"蚕桑新村话云龙"的讲座。从历史、地理、文化等方面分析海宁与杭州之间的渊源关系，重点从"桑园篇""饲养篇""缫丝篇""蚕室篇""蚕具

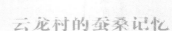

中国丝绸博物馆"云龙村的蚕桑记忆"展画册（2013 年）

篇""蚕俗篇""管理篇"共七个方面细致讲述云龙蚕桑生产的科学发展历程，阐明云龙村在集体经济时期，何以成为浙江省蚕桑生产试验基地及蚕桑农业的样板和新农村的典范，并介绍云龙村在媒体报道、外宾接待等方面的历史。

蚕俗文化旅游节

2009 年 5 月，云龙村首次举办"蚕俗文化节"，展示缫土丝、拉绵兜、织土布、翻丝绵被等传统蚕桑丝织生产技艺；体验吃蚕饭、裹"蚕讯粽"、祭蚕神、演蚕花戏等蚕桑民俗活动。海宁市非物质文化遗产保护中心组织市非遗专家组成员、蚕桑民俗保护热心人士及新闻媒体记者参加蚕桑生产民俗采风活动。2012 年 5 月，云龙蚕俗文化园建成开放，蚕俗节改由周王庙镇政府主办，名称改为"周王庙镇蚕俗文化旅游节"，一直延续至 10 月份，地域范围扩大至全镇，蚕俗园作为第一站，举办首届节庆活动，开展游蚕乡、观蚕俗、食蚕菜等体验活动。2014 年 5 月 17 日，举办第二届文化节，当时有 100 名杭州游客在云龙村体验以蚕桑文化为主的农家乐。通过几年

2012 年周王庙镇首届蚕俗
文化旅游节上舞龙表演

2014 年周王庙镇第二届蚕
俗文化旅游节上，镇党委书
记李明辉致辞

活动，文化节吸引了周边村民甚至外地游客前来云龙休闲，起到了较好的
传承蚕桑文化的作用。

蚕俗文化体验日

云龙村有着皮影戏、蚕花马灯舞、花鼓戏、马鸣王、上梁诗、打年糕、
杜酒酿制技艺、婚俗、陈安寺传说等非物质文化遗产。2012 年 5 月开始，
海宁市非遗保护中心每年都在周王庙镇蚕俗文化旅游节期间或在中国非遗
日前后，单独在云龙村开展以蚕俗文化为核心的非物质文化遗产体验、传
承活动。2015 年 5 月 21 日，在云龙蚕俗文化园举办蚕俗文化体验日，属
于迎接第十个文化遗产日举办的系列活动之一。活动内容包括"唱《马鸣
王》""祭蚕神""演蚕花戏""缫丝""翻绵兜"等生产民俗及技艺展示，
其中的"喂蚕宝宝""织蚕网""裹蚕讯粽""吃蚕饭"等活动，吸引了
众多市民与外国友人参加、体验。

第九章

丛　录

第一节　文告选录①

海宁县蚕桑工作会议纪要（摘录）

一九七二年十二月十八日至二十五日，在钱塘江公社云龙大队召开了全县蚕桑工作会议。参加会议的有各公社、大队、分管蚕桑生产的负责同志，部分生产队的代表，县级机关有关部门负责同志，共八百六十一人。

会议总结交流了经验，讨论制定了一九七三年蚕桑生产规划和措施，部署了今冬明春的绿化造林工作。

一

一九七二年夺得了蚕桑生产第十一个丰收年，第一年实现了亩产超百斤。全年总产蚕茧十三万四千六百十七担，比一九七一年增产三万二千四百四十二担，增长百分之三十一点七。全年收购蚕茧十三万一千六百六十六担，比一九七一年增收三万三千六百四十担，收购量增长百分之三十四点三。全县专桑面积十一万三千五百七十四亩，平均

① 本节内容为保留历史原貌，除明显错误之处外，未作删改。

亩产蚕茧一百十八斤半，比去年亩产九十斤，提高二十八斤半。

会议通过钱塘江公社云龙大队等七个先进单位经验介绍，畅谈了蚕桑生产大好形势，认真总结了经验，一致认为，七二年是鼓舞人心的一年。一批先进单位继续前进，做出新贡献；不少低产社队，获得了大幅度增产；云龙等先进经验逐步推开，全年取得了季季丰收，熟熟高产，社社增产。全县二十四个公社，增产五成以上有三个公社，增产四成以上有一个公社，增产三成以上有九个公社，增产二成以上有十个公社，增产一成半以上有一个公社。钱塘江公社今年实现了粮食亩产超"双纲"、蚕茧亩产超"双百"新纪录。粮食在去年亩产一千五百七十三斤的基础上，今年预计达到一千七百斤左右。蚕茧在去年亩产一百七十斤基础上，今年达到二百十四斤（已除去买叶部分茧子）。云龙大队在去年粮食亩产超"双纲"、蚕茧亩产超"双百"的基础上，今年又获得粮、桑全面跃进，粮食亩产预计可达一千九百斤左右，亩产提高一百六十五斤，蚕茧亩产三百零八斤三两，亩产一年提高七十斤。全县亩产蚕茧二百斤以上有五个大队、一百二十个生产队；亩产一百五十斤以上有二十六个大队、四百零八个生产队，并有长安卫国等四个大队、一百十一个生产队实现了县委提出的"三秋超一春"的要求。

绿化造林工作，也取得较大成绩，今年是育苗、种树最多的一年。全县四旁植树四百一十二万株。试种毛竹、青皮竹也获得成功。

一九七二年蚕桑生产获得大幅度增产的主要经验是：①（略）。②实现了以粮为纲，粮桑齐跃进。③推广了云龙经验，大搞桑园基本建设，实行科学养蚕，促使桑叶大幅度增产，蚕茧平衡高产。④加强了对蚕桑生产的领导，这是今年夺取蚕桑大幅度增产的重要保证。

在肯定成绩、总结经验的基础上，以云龙大队为榜样，从生产上找差距，主要问题是：思想不牢固，有的抓纲丢目，有的抓现钱、毁桑园，桑园间作进进出出；桑园现状不适应，生产不平衡，云龙大队亩产超三百，有的大队低的不上百；桑园品种杂，树龄老，高低不平，零星分散，长势不好，产量很低。

二

一九七三年我县蚕桑生产的目标是：在努力增产桑叶的基础上，增养蚕种，猛攻张产，增加总产，提高亩产。确保七三年总产蚕茧十四万五千担，力争十五万五千担。全年亩产一百二十八斤，力争一百三十六斤。其中春蚕实现"两九、一八"，即九万张蚕种，九十斤单产，八万担茧子。要求麻区十二个公社，在两三年内亩产达到二百斤以上；稻区十二个公社，亩产达到一百五十斤以上。

为把明年蚕桑生产搞上去，会议认为必须抓好以下几项工作：

（一）狠抓路线教育，坚持方针思想

正确处理长远利益同眼前利益的辩证关系，坚决退出桑园间作。

（二）狠抓桑园基础，提高蚕茧产量

蚕以桑为基础，桑通过蚕而起作用。要加快桑园更新改造，逐步达到"成片集中，旱涝保收，密植高产"的要求，建设亩产二三百斤茧的高产、稳产桑园。

抓好现有桑园的改造。目前桑园普遍是株稀、拳少、条少、产量低，不能稳产高产。为此，我们必须在大搞农田基本建设的同时，对现有桑园进行全面规划，分类排队，有计划地逐年改造。在"密"字上做文章，在"肥""水"上下功夫，因地制宜推广"三增、四改"经验，即增株、增拳、增条和一改三类桑，二改靠天桑，三改稀为密，四改劣种为良种。

"五年看三年，三年看头年，每年看前冬。"冬季是蚕桑生产的关键时期。冬季桑园培育的好坏，决定明年春叶的增产。因此，要抓住当前有利时机，发动群众，广辟肥源，以积肥为中心掀起培桑新高潮。培育好绿肥，做到块块专桑挑上泥，亩亩专桑施上肥，即使块块桑园施上河泥、稻干泥，有条件的施上猪羊肥，重施催芽肥，同时认真做好整枝、治虫工作，种好管好新桑园。

抓好桑苗生产。桑苗是建设桑园的基础。抓好桑园建设，必须首先抓好桑苗生产。要坚持"自繁、自育、自种"原则，做好思想、组织、苗地、物质、政策五落实，加速桑园建设步伐。商品苗地区要加强桑苗管理，提高苗木质量，繁育优良品种，保证完成国家计划任务。

合理布局，充分合理利用桑叶，努力提高亩产。要立足全年，合理布局蚕种，根据几年来的实践，提倡"春蚕分批养，夏蚕适当养，积极增养早秋蚕，养足养好中秋蚕，看叶饲养晚秋蚕"的经验，有利于达到增产蚕茧、提高亩产的目的，各地应大力推广。

抓好养蚕物资一切准备。明年蚕桑生产任务重、要求高，冬季准备工作是春茧丰收的关键。各地必须坚持自力更生，因陋就简，就地取材，发动群众，组织劳力，进行蚕室蚕具、"地火龙"等的维修和添置，同时要做好加温材料、蔟草、砻糠等一切物资准备。

（三）加快林业上"纲要"掀起今冬明春绿化造林高潮

全县要求四旁植树六百万株以上，每人种树十株，绿化荒山二千亩，发展毛竹一千一百亩。

（四）继续深入开展"远学昔阳、大寨，近学永福、云龙"群众运动

（五）加强党对蚕桑生产的领导

必须把蚕桑生产列入党委工作议事日程。公社和大队都要指定一名领导同志分管，生产队要有一支培桑、养蚕的专业队伍，做到"分管同志具体抓，关键时刻全党抓，有关部门配合抓，一年四季连续抓"。各级领导都要改变作风，深入实际，调查研究，抓好典型，广泛开展群众性的科学实验活动。

路线决定决策，政策体现路线。全面落实党的政策是促进蚕桑生产的重要保证，各地要遵照中央（71）82号文件，中央有关指示和《六十条》的有关规定，实行男女同工同酬，处理好饲养员工分报酬，合理付给蚕室蚕具租金。此外，还要正确处理好自留地桑叶政策，充分调动社员群众的生产积极性。

建立蚕桑技术队伍，是实行科学培桑，实行科学养蚕的一项战略措施。要求各社队在今冬明春都要开展技术培训，向生产的深度和广度进军。

要牢固树立以农业为基础思想，各行各业都要大力支援农业，要把支援农业作为自己的重要任务。要认真落实支援蚕桑生产的措施。农业部门要加强调查研究，做好技术指导；商业部门要参与生产，组织好物资供应。

海宁县革命委员会（章）

一九七三年一月三日

云龙丝厂转为公社丝厂协议书

一九七三年秋，海宁县革委会生产指挥组发文同意将云龙丝厂转为社办丝厂。一年后，由于某些矛盾存在，经公社党委讨论，云龙丝厂仍归大队经营，并报省、地、县有关部门。事后，县生产指挥组（75）39号文件转达了浙江省第一轻工业局的函复，"云龙丝厂仍应由公社经营"。对此，公社党委又进行了讨论，并请云龙大队进行讨论，在讨论中社、队一致同意照省、县指示精神办事，将云龙丝厂转为公社丝厂，为海宁县钱塘江丝厂云龙车间，厂址不变，以进一步巩固和壮大人民公社集体经济，办好社会主义企业。有关政策处理问题，共同协议如下：

第一，人员问题：云龙大队丝厂丝车定额为四十台，每台四点五人，云龙大队进公社丝厂为一百八十人，今后如需增减，由公社统一安排。

第二，利润分配问题：在全年产值中，去掉成本、税金、机械折旧、房租、其他各项开支以后的净利润中，公社丝厂得百分之六十五，云龙大队得百分之三十五。

第三，蚕蛹分配问题：按全年计算，百分之八十的蚕蛹由云龙大队分配，百分之二十的蚕蛹由公社分配，并按国家统一牌价收费。

第四，机械及房屋问题：云龙丝厂现有机械设备，参照兄弟公社处理办法进行合理估价，以后从利润收入中，逐年归还。房屋暂作租用，租金另行协商。

第五，公社丝厂附设丝绵场问题：从办场起，一直同公社丝厂没有行政和经费上的往来，以后不戴公社丝厂附设丝绵场的帽子，由云龙大队自行经营、单独核算，有关煮茧、加工设备自行解决。

第六，领导问题：云龙丝厂为公社丝厂的一个车间，从管理人员到丝厂职工由公社丝厂统一领导，统一安排，统一调配，车间成立抓革命、促生产领导小组，小组人员暂由公社丝厂筹建小组商定，并报公社党委批准同意。

上述协议自一九七四年一月一日起生效。此协议一式六份，报省第一轻工业局、地区轻工业局、县生产指挥组、县工业局、公社、大队各一份，同等有效。

海宁县钱塘江人民公社革委会（章）

海宁县钱塘江人民公社云龙大队（章）

一九〇〇年〇月〇日

云龙大队七八年上半年蚕桑科学实验实施汇报

一、培桑方面

1. 桑品种对比试验。继续 1977 年课题，在 11 队进行，负责人员：张林华。

2. 优良桑品种繁培（有性繁殖、无性繁殖）。由大队科研组褚林泉负责。

3. 桑叶采摘试验。继续 1977 年课题，在建一队进行，由张子祥同志负责。

4. 不同树型对桑叶产量的关系。继续 1977 年课题，在 15 队进行，负责人为张文康。

5. 不同施肥量对桑叶产量的关系。继续 1977 年课题，由大队科技组执行负责人张子祥、朱祖发负责。

6. 万斤桑、六担茧高产试验。包括肥水配备，精细管理，合理采摘，充分利用空间，合理留拳、留条，生物防治，喷灌，养蚕高产技术等，在建一队、6 队、15 队进行，负责人为李锦松、朱芝明、张纪兴和大队科技组人员。

7. 桑园喷灌调查，由大队科技组和县农水局曹林利负责。

8. 机械器具如伐条机、采叶机等在培桑上的应用。由大队科技组、大队机耕站陈云龙同志负责。

二、养蚕方面

1. 高产养蚕技术研究。包括整套饲养技术的革新，以节约用桑、节省劳力为中心，由 15 队和大队科技组执行，负责人为褚林泉、张文康。

2. 蚕新品种鉴定。由建一队、6 队、15 队，负责人为李奎洪、朱继祖和褚金明。

3. 春蚕五龄盛食期添食桑叶粉。由农大和大队科研组进行。

4. 蔟具对比试验。扩大回转方格蔟的应用和改进。继续 1977 年课题，在建一队、6 队、15 队进行。

5. 蚕具消毒药品对比（1231 与漂白粉），承担单位：云龙 5 队戴永兴、一队陈长元；病毒添食小区试验，由大队科技组褚林泉承担。

云龙大队（章）

1978 年 5 月 10 日

关于云龙大队扩大桑园调整作物面积的报告

钱委〔1979〕15 号

中共海宁县委员会：

我社云龙大队是一个实行科学培桑养蚕，年年获得蚕茧高产的先进单位，为了进一步贯彻落实"以粮为纲，全面发展，因地制宜，适当集中"的方针，发挥其在养蚕生产上的特长，为"四化"做出更大的贡献，他们根据有关领导同志的指示，在党内外进行了广泛的讨论，一致要求适当扩大桑园粮食面积，减少络麻面积，把云龙大队的桑园建成千亩高产方。他们的报告提出以后，公社党委讨论了他们的意见，并同意他们的报告，现将调整作物面积的方案报告于你们。

一、从 1980 年减少络麻 150 亩，增种新桑 100 亩，粮食 50 亩。

二、1981 年减少络麻面积 200 亩，增种新桑 150 亩，粮食 50 亩。

三、1982 年减少络麻 150 亩，增种新桑 150 亩。

以上分三年逐步进行调整，总共减少络麻 500 亩，增种新桑 400 亩，粮食 100 亩。这 100 亩粮食，主要是补偿麻田春粮的损失，以不降低蚕农口粮为标准。

现在将进入冬种阶段，作物都要进行安排，所以，以上报告，如无不妥，望即批复，以利冬种布局。

中共钱塘江公社委员会（章）

一九七九年八月三十一日

关于云龙大队扩大桑园调整作物面积的批复

海计〔1979〕337号

海财〔1979〕17号

钱塘江公社革委会：

你社一九七九年八月三十一日〔1979〕15号报告已悉。经请示县委，特作如下批复：

为了全面贯彻落实"以粮为纲，全面发展，因地制宜，适当集中"的方针，发挥云龙大队在养蚕生产上的特长，同意自一九八〇年至一九八二年逐步减少络麻面积400亩，全部作为扩大桑园面积，所减少的粮食由国家增加统销粮解决。

海宁县计划委员会（章）

海宁县财贸办公室（章）

一九七九年九月十四日

关于保护桑园建设的通告

钱管〔1982〕4号

各大队、生产队管委会、有关单位、公社各室：

栽桑养蚕在我社已有悠久的历史，一九八一年全社已总产蚕茧一万二千七百二十三担，茧款收入二百四十五万多元，占农副业总收入的百分之三十以上，平均每户收入已在四百六十元以上。它不仅支援出口，提供外汇，有利"四化"建设，而且也大大增加集体和社员的收入，还有利于发展副业生产，解决集体和个人的用柴，所以，发展蚕桑生产在我社的地位越来越高，是致富的骨干经济。

为了保护蚕桑，促进蚕桑发展，到一九八五年达到亩均产茧一百斤的目的，必须加强和保护桑园的建设，现决定通知如下：

第一，集体桑园任何单位和个人不得侵占，需征用桑地，都必须提出申请，经生产队社员大会讨论通过，上报大队、公社核准，最后报县人民政府批准，并处理经济政策以后，方可动用。否则将受到法律上和经济上的严厉制裁。

凡是新种桑园，第一年可以间作一次西瓜及萝卜，第二年只可间作一次秋季萝卜或菜秧。从第三年起，不得间作，包括大小围圈作物。如发现桑地间作，由公社罚扣到大队，每亩扣粮票一千斤，并处予罚款五十至一百元，再由大队罚扣至生产队，并要追查主要负责人的责任。

第二，任何单位和个人，建造房屋（包括房内填土），原则上是不能占用桑地、损害桑园建设。凡是擅自翻桑毁桑，不仅要追究双方负责人的政治责任，而且要加重罚款，砍一株至少罚款三至五元，并主要应由当事人负责交纳罚款。

第三，生产队向砖瓦厂卖泥或自己翻泥制坯，原则上做到先种后翻，以达到当年不减产为前提，淘汰桑的应由生产队、大队、窑厂共同商定，经公社批准，方可翻泥倒桑，否则同样按第二条规定罚款。

各砖瓦厂在向生产队卖泥时，也要弄清情况，不得违反本规定，否则也得承担政治和经济上的一定责任，买卖双方应当先签订合同，经公社、大队鉴证后行事，并禁止向外公社卖泥。

第四，生产队在搞农田基本建设中，如要损坏桑园，都得事先申报大队、公社管委会，不得自行其是，否则同样应予批评和适当罚款处理。对批准后改掉的，要当年翻，当年种上，也不能减少面积，要尽可能做到先种后改。

第五，任何单位和个人，不得在桑地里堆石头、堆砖瓦、堆柴草，开垃圾坑、石灰窑，也不得在桑树上晒衣服被褥等物，如不听劝阻违反规定，应当给予批评和罚款，每堆掉一平方米应罚款十元，凡伤一株桑树应罚款三至五元。

第六，要保护路边、渠边的潜力桑，如损坏一株应罚款五元。

第七，保护桑园，发展蚕桑人人有责，各级组织应加强领导，严格执行。对保护桑园好，敢于向破坏桑园建设的歪风作斗争的人应予表扬和奖励；对于既毁坏桑园，态度又不好的，应当加重惩处。

各大队单位接到本文后，要认真学习领会，制定具体措施，从思想上、组织上、行动上保证我社蚕桑生产有个新的发展。

钱塘江公社管理委员会（章）

一九八二年一月二十日

关于进一步向云龙大队党支部学习的决定

钱委〔1982〕17 号

各大队（单位）党总支、支部：

一九七二年，中共海宁县委、公社党委都先后作出号召学习云龙大队党支部的决定，十年来，对于加强全社党的思想建设和组织建设，推动农工副生产的发展，都起到较大的推动作用，学习云龙的效果是显著的。云龙大队党支部也更加谦虚谨慎，对自己提出了更高的要求，充分发挥党支部的战斗堡垒作用和党员的先锋模范作用，带领全大队干部群众，向农工副生产的深度和广度进军。最近几年粮地亩产在两千斤上下；亩桑产茧稳定在三百五十斤左右。一九八一年除了粮食因受自然灾害的影响略有减产外，农工副各业都稳定增长：蚕茧总产 2370 担，增产 104 担；油菜籽总产 28.7 万斤，增加 4.7 万斤，增长 19.5%；络麻总产 8530 担，增产 607 担，增长 7.6%；猪羊饲养接近万头水平；渔业总产 678 担，增长 55%。队办企业总收入 99 万元，增长 28.6%，利润 25 万元。农副业总收入 252 万元，增长 12.8%，集体提留积累指标 18%，人均收入 303 元，口粮 682 斤。人均向国家交售蚕茧 78 斤，络麻 245 斤，油菜籽 83 斤，鱼 20 斤，毛猪 1 头，农副产品的商品率达到70%。现有集体积累 43 万元，储备粮 54 万斤，固定财产 192 万元。云龙是一个社会秩序比较稳定，农工副生产稳步增长，集体经济比较巩固，对国家贡献年年增多，社员生活逐步改善的先进大队。由此，云龙大队党支部连年来被光荣地评为省、地、县、公社的先进党支部。事实证明，云龙大队不愧为我们学习的好榜样。

为使云龙之花开遍全社，云龙的生产水平成为全社的水平，真正把云龙的先进经验学到手，经党委研究决定，号召全社各大队、企事业单位党支部，进一步认真地向云龙大队党支部学习。

学习云龙，主要是学习以下五个方面：

一、学习云龙大队党支部，时时处处加强思想政治工作。教育党员和干部牢记我们的根本宗旨是全心全意为人民服务；牢记我们的最终目的是实现共产主义，要终生为实现共产主义而奋斗。同时，坚持不懈地向社员群众进行社会主义教育，正确处理好国家、集体和个人三者的关系，不断搞好党风和提高社会风尚，真正把精神文明建设提高到新的高度。

二、学习云龙大队党支部，一贯坚持和认真执行三中全会以来党的路线、方针和政策的严肃精神，在党内一直坚持反对资本主义思想腐蚀的斗争，努力保持党的光荣的革命传统，在干部和社员群众中一直加强进行坚持四项基本原则的教育，在经济工作中，坚持国家计划为主，市场调节为辅和决不放松粮食生产，积极发展多种经营的方针，努力做到农工副生产一起抓，达到主体壮、翅膀硬的目的。在政策上，正确地执行各尽所能、按劳分配的原则，不断加强、完善和稳定各业生产责任制，恰当地处理务工与务农社员经济分配上的关系，充分调动各业生产的积极性。

三、学习云龙大队党支部，充分发挥党支部的战斗堡垒作用。长期以来，云龙大队党支部始终做到与党中央、与上级党委保持政治上的一致，始终保持支部内部的团结一致，如有矛盾在内部开展必要争论，达到原则上的统一，相互之间互相支持，互相谅解，分工明确，负责办好。不搞歪门邪道，敢于抵制不正之风，成为领导和推动各项工作的坚强的战斗堡垒。

四、学习云龙大队党支部，教育党员和党的干部严格遵守党规党法。云龙大队党支部通过落实"三会一课"制度，经常向党员进行党规党法的教育，教育他们带头遵守党纪国法，学雷锋，树新风，开展"五讲""四美"活动，用优良的党风影响民风，努力使党风有一个根本的好转，民风有一个更大的改观。

五、学习云龙大队党支部，脚踏实地地抓好社会主义物质文明的建设。不断增加对国家的贡献，逐步改善社员群众的生活。云龙大队是一个农林牧副渔全面发展，农工副综合经营的典型。在农副业生产上在稳定粮食生产的前提下，主攻蚕桑这个骨干产品，挖掘渔业潜力，扩大多种经营范围，队办工业稳步增长。在发展生产增加收入的同时，党支部十分关心社员生活和集体福利事业，他们有计划地搞好新村建设等，具有值得好好学习的经验。

总之，要通过学云龙、赶先进，掀起一个社会主义竞赛的热潮，争取在今后三五年时间内，把我们各个大队、单位的党支部都建设成云龙一样的先进党支部；把各个大队都建设成云龙一样的先进大队：粮食保持两千斤的水平，渔业有七八百斤的产量，猪羊在五万头左右，社队企业产值在两千万元以上，人均收入达到三百五十元左右，使我社在两个文明建设中发挥更大的作用。

各大队、各单位党支部，要根据本文的精神，做一次认真的研究和讨论，定出学云龙的具体规划和措施，并应书面上报党委。

今年年终将结合党内的"双争"活动，进行一次总结评比。

中共钱塘江公社委员会（章）

一九八二年五月八日

第二节　文章选编

1965年千斤桑百斤茧技术标准（初稿）^①
海宁蚕桑样板云龙工作组

前　言

海宁县钱塘江人民公社云龙大队的蚕桑生产，在各级党委的领导下和业务部门的指导下，全大队584.9亩成林桑地，亩产蚕茧由1963年的77.2斤，迅速地提高到1964年的104.09斤，增加34.8%，实现了亩产百斤茧的指标。

云龙大队的蚕桑生产，给全公社以至全县树立了一个高速发展的榜样。但从全省桑地高产水平及本大队各生产队之间的生产差距可见，增产潜力仍然巨大。我们以云龙的经验为基础与科学分析相结合，写成《千斤桑百斤茧技术标准》，供各地参考，同时也希望大家批评指教。

第一章　总　则

第1条　各期养蚕前必须制订蚕桑生产计划。生产计划的内容包括：桑园肥培管理、估计产叶量、房屋（稚蚕室、壮蚕室、贮桑室、上蔟室）、蚕具和消耗材料的准备，确定蚕品种和蚕种张数，预计产茧量，建立劳动组织，制定蚕室规章制度等。

第2条　桑叶是养蚕的最重要物质基础。生产队各期饲养蚕种张数，必须根据本生产队自培桑园各期估计的产叶量为准。接收蚁量7克的桑叶准备量为：春期1000斤，夏秋期900斤，最低准备量应不低于以上数字的95%。如收蚁量增加，则备桑量照比例增加。

第3条　春期桑叶产量应按专业桑园和零星桑树的肥培管理条件、树龄、目前生长发育情况、往年生产量及气象预报等反复核计，本地红皮大种平均每尺产叶0.65两（32.5克）至0.9两（45克）范围内。

①　本文曾发表于1965年第4期《浙江农业科学》。

第 4 条　按云龙大队 1964 年春实产春叶每亩 886 斤，产茧 59.4 斤，夏期亩产茧 10.8 斤，秋期亩产茧 32.2 斤，晚秋亩产茧 1.69 斤计，全年亩产茧 104.09 斤。各期产茧比例为：春 57%，夏 10%，秋 33%。1965 年桑叶预计增产 2.5 成，要求达到亩产春叶 1100 斤，春产茧 77.5 斤，夏产茧 13.6 斤，秋产茧 44.9 斤，全年产茧 136 斤。并强调加强桑园肥培管理和蚕儿饲养，争取春叶增长 3 成，各期产茧量相应增加，达到全年亩产蚕茧 145 斤。

第 5 条　本技术标准经贫下中农讨论，大队支部审定后分发各生产队试行。

第二章　桑园施肥

第 1 条　桑园施肥是桑叶增产的最主要措施。桑树系多年生叶用植物，由于每年剪伐和一年多次桑叶养蚕，需要在不同的季节内从土壤中吸取大量的养料。因此，必须对桑园增施肥料，才能获得高额而稳定的产量，并使桑地肥力逐年提高。

第 2 条　全年施肥量：

1. 全年亩产条叶 2400 斤（其中枝条 1200 斤，芽叶 1200 斤）、片叶 1000 斤的施肥标准：氮 42.83 斤，磷 19.82 斤，钾 30.32。以氮肥标准计算：需施河塘泥 400 担，人畜粪尿 40 担，绿肥 50 担，硫酸氨 25 斤。

2. 全年亩产条叶 2000 斤（其中枝条 1000 斤，芽叶 1000 斤）、片叶 900 斤的施肥标准：氮 35.47 斤，磷 16.97 斤，钾 25.9 斤。以氮肥为计算标准：需施河塘泥 300 担，人畜粪 35 担，绿肥 40 担，硫酸氨 25 斤。

3. 全年亩产条叶 1600 斤（其中枝条 800 斤、芽叶 800 斤）、片叶 800 斤的施肥标准：氮 30.89 斤，磷 14.13 斤，钾 21.47 斤。以氮肥为标准计算：需施河塘泥 250 担，人畜粪 30 担，绿肥 35 担，硫酸氨 20 斤。

第 3 条　冬肥是桑园的基本肥料，其施用量应占总施肥量的 30%。冬肥应施用迟效性有机质肥料如河泥、塘泥、稻干泥、羊灰肥、猪厩肥、垃圾等土杂肥。施用灰肥可结合冬耕一起翻入土中，施用河塘泥需要及早在封冻前施好，以利泥土风化。

第4条　春肥具有春叶"催芽"的效果，且有利于桑树夏、秋季的生长。其施用量应占总施肥量的30%。春肥必须施用速效性的肥料如人畜粪尿、硫酸铵等。务必在桑芽萌发前施入。

第5条　夏季是桑园施肥的最重要时期。它关系着枝条的生长和发芽率。夏肥施用量需占总施肥量的30%以上。夏肥的来源主要靠冬种绿肥在春季翻埋后的分解养分来供给。因此，晚秋大种绿肥就是夏肥的间接施用。同时，夏伐后还需立即补施速效性肥料如人畜粪尿、硫酸铵等。

第6条　秋季施肥。由于秋季桑树生长旺盛和秋叶的采摘，也须补给桑树养料。秋肥的来源靠播种夏绿肥在早秋埋入土中，以供桑树秋季吸收充实冬芽。秋肥的施用量应占总施肥量的10%以上。

第三章　桑园播种绿肥

第1条　桑园播种绿肥是改良土壤、开辟肥源的主要途径。大力扩种绿肥，并进行合理施肥管理，采用磷肥拌种或作追肥，可达到以磷换氮、以小肥换大肥的目的。

第2条　冬季绿肥有黄花草子和蚕豆等。冬季绿肥应在9月下旬到10月上旬播种。一般播种黄花草子每亩种子5～6斤。播种前每斤用过磷酸钙2～3斤进行拌种。播种方式以宽幅条播为宜，播幅宽6～8寸。

第3条　夏季绿肥有豇豆、猪屎豆、绿豆、大豆等。夏季绿肥在谷雨（4月20日左右）至立夏（5月6日左右）播种，到立秋（8月7日左右）前后即可翻埋。播种量因绿肥种类而异。如用豇豆每亩4～5斤，同样采用宽幅条播。

第4条　绿肥管理。秋播绿肥在冬季以施磷肥为主，每亩施过磷酸钙20斤，并在根部施上草木灰每亩6～8担防冻。入春后，绿肥作物茎叶生长很快，须追施一次速效性氮肥，每亩用人畜粪尿10～15担或硫酸铵15

斤加水浇施。

第 5 条　绿肥的收获和翻埋。盛花期是绿肥收获的最适宜时期。在这时期收获，产量和肥分含量均最高，又能及时地供给桑树吸肥的需要。绿肥收割后，铺在园中，待蒸发部分水分后挖沟埋入，并撒入占绿肥鲜重 4%～5% 的石灰，再覆土 3～4 寸。

第四章　增拳增条

第 1 条　加密补植。株多条多是桑园高产的基本条件。亩产春叶 1000 斤的桑园每亩株数应在 500 株以上，每亩条数应在 7500～9000 条，每根条长需 3～4 尺。株数不足的必须进行缺株补植及增拳增条。每亩的拳数应在 2500 拳以上，每拳留条 3～4 根。拳数不足的应进行缺拳补植。凡桑树四周隙地在 4 尺以上的补植壮苗一株。

第 2 条　补植桑应挑选无病虫害、根系完好的大号苗。补植时必须深掘浅栽，植孔 1.5 尺，施足基肥而后种植（栽植标准参考第八章），以保证桑苗迅速生长，不致被老桑闷死。

第 3 条　改造老桑树。在树干已经空心，主、支干均已衰败的老桑树旁新种一株壮苗，等新桑树长好将老树挖去。如果老树的根仍旧完好，则可在 3 月底把老树根部周围的泥土挖开，选择接近地面根茎交界处，在树皮光滑的一面进行根接（老树根茎部若无完整皮层，可将老树根剪开用袋接法嫁接）。待接苗成活后，于冬季锯去老树。

第 4 条　适时合理删芽。6 月上旬，新芽长至 2～3 寸长时，进行第一次疏芽，疏除拳上密集和树干上的芽。6 月中旬进行第二次疏芽，确定留条数，有拳桑在每拳上留芽 4～5 个，青壮、无拳桑每株以留 20 个为中心，借以控制条多条匀，提高春季发芽率。

第 5 条　提高夏伐增加发条数。有拳式桑树老拳发条数细而少的，应选择粗壮枝条 3～4 根，此老拳提高 1 尺左右进行剪伐，其余的仍可齐拳剪伐，用提高夏伐、拳上留拳的办法增加条数；无拳式桑树夏伐时，在条的基部留高 5 寸左右剪伐，以增加发条数。提高夏伐必须增施肥料。

第 6 条　摘芯分枝。夏伐后枝条生长到 1 尺半时，在肥料施足的条件下，进行强枝摘芯，控制枝条过分徒长，增加条数，增加总条长，从而提高产叶量。

第五章　桑病虫害防治

第 1 条　桑螟、野蚕的防治。

1. 刮除卵块：桑螟的越冬有盖卵块和野蚕卵均产在桑树主干、支干和一年生枝条上。在冬季用小刀刮下，收集焚烧，以消灭第一代幼虫。

2. 摘除虫茧：为预防化蛾产卵，应在各代结茧时，抓紧时机及时进行采茧，收集焚烧。

3. 发生少量桑螟、野蚕时，组织人力及时捕杀。

4. 药剂杀虫：在七八月间头螟、二螟盛发时，抓紧时机，任选如下一种药品进行杀灭，均有很大效果：（1）喷射万分之二的敌百虫或敌敌畏液。（2）喷射 800 倍的鱼藤精液（含鱼藤酮 2.5%）。应用以上药剂喷射，需在用叶前 20 天进行，以保养蚕安全。

第 2 条　桑天牛、桑蛀虫防治。

1. 杀死幼虫。在落叶后至春芽萌发前，任选如下一种方法，杀死幼虫均有成效：（1）丙体 6% 的可湿性六六六 1 斤，加水 25 斤，调制均匀，以畜用注射器灌注最下虫孔，然后用黏土堵塞。（2）煤油拌和可湿性六六六粉调成稀糊状，涂塞最下一个虫孔。（3）5% 的二二三煤油溶液，注射最下虫孔，然后用黏土堵塞。（4）用铁丝或其他金属斜插入孔下，刺杀幼虫。

2. 夏秋期捕杀成虫，并在枝条基部找寻咬伤皮层，刺杀虫卵。

3. 加强整枝，随时除去严重被害枝。

第 3 条　桑螟、桑毛虫、桑尺蠖、刺毛虫防治。

1. 冬季捕杀幼虫：冬季巡视桑园，捕捉潜伏在桑拳裂缝蛀孔和枝条上的虫茧，并用石灰或黏土调成糊状，填塞树上裂缝和蛀孔，消灭越冬幼虫。秋季组织劳力，入园捕杀为害秋叶的幼虫。

2. 药杀幼虫：幼虫为害春芽和夏秋叶时，少量以捕杀为主，普遍为害时，及时喷射如下药剂：（1）万分之五敌百虫液。（2）300 倍鱼藤肥皂液。（3）6% 丙体可湿性六六六的 250 倍液。

第 4 条　桑蓟马、浮尘子防治。

应用药剂防治：在夏秋期间，采叶前 20 天用 6% 丙体可湿性六六六或乐果 500 倍液喷杀桑蓟马，以 250 倍液喷杀浮尘子。

第 5 条　感光诱杀成虫。

桑树害虫的成虫大多数有趋光性。在春夏秋季节里，点灯诱杀成虫，有电源的生产队，安装黑光灯，灯光下放置氰化钾毒瓶。每盏黑光灯的诱虫范围可达 40 亩。

第 6 条　桑树褐斑病防治。

1. 药剂防治：喷射赛力散混合液（成份：赛力散 0.2%，动物胶 0.1%，硫酸锌 0.1%），在春季用叶前进行喷射。

2. 改良土壤理化性质：增施厩肥等有机质肥料。冬耕时，每亩施石灰 80 ～ 100 斤，可减轻本病发生。

第 7 条　桑树萎缩病防治。

1. 改进剪伐方法：（1）采养法：对火桑只采叶不伐条。（2）隔年夏伐法：不夏伐的一年春叶采收后每根枝条顶端留 2 ～ 3 个新梢，让其继续生长。秋期照常采叶，如此周而复始，交替进行。（3）春伐法：初期发病的桑树可进行 1 ～ 2 年的春伐，使病株恢复健康。

2. 嫁接复壮：初期发病的植株，可用抗病强的品种作接穗，进行挖根接新根。

第六章　桑园管理

第 1 条　桑树在立冬前后，必须进行剪梢。红皮大种的条子在 5 尺以上的剪去 1 尺，5 尺以下的剪去 3 ～ 5 寸，3 尺以下的不剪。秋天条子顶端长出的青梢在剪梢时应在青梢下 2 ～ 3 寸处剪去。草桑的条子应剪去 1/3 ～ 1/2。

第 2 条　冬季进行整枝修拳，彻底修除枯桩老拳，同时把瘦小（不到 1 尺）、有病的枝条一起剪去。整修的标准是：剪口平滑，略带倾斜不留嘴角，锯断时切勿撕破皮层或擦伤邻近枝条。

第 3 条　勤除杂草。一年内除草 5 次。3—4 月的过冬草芽短、根深，必须适时深削 2 次。桑树伐条后，及时浅耕除草，切断浮根减少树液流失，促进休眠芽早发。又因杂草生长旺盛，必须除黄霉草 2 次。秋蚕结束，进行第 5 次除草，削掉"结籽草"。

第 4 条　秋季抗旱。七八月份高温少雨，红皮大种桑叶硬化早必须进行抗旱促进桑叶生长，改良叶质。连续干旱达 40 天，必须灌水。不能灌水的桑园，在梅雨后期堵塞排水沟的两端防止雨水流失。不能灌水的地段，应进行中耕，勤除杂草，减缓土壤水分的蒸发。

第七章　桑叶采伐

第 1 条　合理剪伐。桑树剪伐，必须掌握品种特性，根据气候条件，配合其他农业技术措施，进行合理的剪伐。

1. 剪伐后，必须及时施用速效性肥料，以促进桑树根系和休眠芽的迅速生长。成拳桑树，在肥料施足的条件下，可行隔年夏伐来扩大树冠增产桑叶。

2. 在养成树型和收获过程中，应注意培养支干，扩大树冠，达到条多、条长、叶大、叶重的目的。

3. 生长势旺、发条数多的品种可以年年剪伐。发条数少的品种如火桑，剪伐易生萎缩病，应采取留枝留芽养成或不剪伐。

4. 适时剪伐。春期采叶后隔天夏伐，避免采叶后当天伐条树液流失过多。伐条过迟，将影响当年秋叶产量和来年的春叶产量。

第2条　春叶采伐技术。

1. 采伐春叶必须排队用叶。先采零星花白地生长较差的桑，后采成片的肥地生长好的专业桑。

2. 隔行采伐，借以增加阳光透射加强光合作用，从而提高叶质，增加产叶量。

第3条　夏叶采摘技术。夏蚕用叶应先采春伐桑枝条基部的脚叶，再在早批夏伐桑树上发出的新梢采基部片叶 4 ～ 5 张，壮蚕期进行删芽（俗称"匀二叶"）。为了多留芽、多留条，一般删芽量每亩桑园不超过 80 ～ 100 斤。

第4条　秋叶采摘技术。

1. 秋叶的采摘方法，稚蚕由上而下，壮蚕由下而上，依次分批采摘适熟叶，借以提高用叶质量及桑叶利用率。

2. 秋期用叶必须摘叶留柄。严禁捋叶损伤腋芽，也不必采用银杏摘，损耗叶质。

3. 秋叶采摘的程度。秋叶的采摘应在中秋蚕结束后，枝条顶梢仍留有 4 ～ 5 片桑叶，以利桑树生理。

第八章　新桑园的建立

第1条　成片栽植的新桑园，必须选择产量高、叶质好、秋季硬化迟的桐乡青、荷叶白、白条桑等优良桑树品种，不种草桑。在屋前屋后、塘边、渠道两旁、零星土地种植火桑。

第2条　新桑园栽桑前，应将已选择好的白地加深翻耕、平整土地，在四周筑好排灌沟渠。

第3条　新种桑苗须在冰冻前种好。种时要施足羊猪窝基肥，每株 10 斤，每亩需备 6000 斤，没有羊猪窝的可以用垃圾等土杂肥代替，每株需 30 斤。

第 4 条　种桑树时按行株距开沟或深孔，沟或孔的深和宽都要达到 1 尺半，沟孔要求上下一样大，不可上宽下小成锥形。沟或孔的底部放好基肥，上盖土 2 ～ 3 市寸，准备种桑。

第 5 条　每亩桑地以种桑苗 600 株较为适宜。采取行间宽 4 尺，株间宽 2 尺半的宽行狭株种植，以便于肥培管理。畦向东西。屋前屋后，十边地零星种植火桑者，株距 6 ～ 8 尺，以乔木养成。渠道两旁种桑，每株株距 4 尺。

第 6 条　种桑前应选择无病虫害、根部完好的大号苗子。如有伤根须用桑剪在受伤的上部剪去，然后整理好根，按行株距放入已施好基肥的沟或孔内。主根向北，细根伸直，先壅上一层土，浇上粪水，再在根茎交界处（接穗疤处）壅土踏实。

第 7 条　栽好的桑苗在开春后离地 1 尺半剪去苗梢。新梢长到 5 ～ 6 寸时，选留健壮的 4 ～ 5 根，其他删去。新梢长到 1 尺时再删去 1 ～ 2 根，每株留 3 根条。第二年春，在离地 2.5 ～ 3 尺处剪断，养成第一支干。发芽后到 5 月底每枝顶端选留健芽 2 个，养成 6 根条子。第三年在离地 3.5 ～ 4 尺处进行夏伐，养成第二支干，也就是定拳。第四年起均在 3.5 ～ 4 尺处剪伐成拳，这样养成三腰六拳。

第九章　养蚕准备

第 1 条　蚕匾和蚕帘是安放蚕儿的地方，使蚕儿在其上能自如地生活。稚蚕期蚕与蚕之间相去应不少于两条蚕的空间，壮蚕相去 1 条蚕的空间，对 7 克蚁量的蚕座面积最低必须达到第五龄 160 平方尺（16 匾），如每张种收蚁量增加，必须照比例备足必要的蚕匾和蚕帘。壮蚕期如蚕匾不足，必须备足相当于 160 平方尺实用面积的芦帘或麻杆帘。采取梯形架、三角蚕柱或简易蚕台立体利用空间时，两层间的距离应不小于 7 寸。放置蚕架时，应使蚕匾边缘距墙壁至少 1 尺，以便操作及免遭气流不良。

第 2 条　作为小蚕室的条件应以保温为主，四壁刷白，板壁糊缝，前后有门窗，上有灰幔。作为大蚕室的条件应以通风、高燥为主，南北向，前后门窗面积应各为前后墙面积的 1/5。蔟室条件同大蚕室。对普通 10 尺宽、20 尺进深的民房蚕室，每间以饲养 3 张种为限。如蚕室不足，事先搭好所需容积的凉棚进行室外饲养。蔟室除大蚕室套用外，必须另配备大蚕室数量 1/3 ～ 1/2 的间数，以供周转。

第 3 条　蚕网是提高工效、减少蚕损伤的最好除沙工具。对每张种必须备足小蚕网（1 ～ 3 龄用）10 只，大蚕网（草绳网或麻皮网）36 只。此外，对每张种各期应准备焦糠 50 斤（约白糠 100 斤）、蔟草 70 斤（约毛稻草 140 斤）、石灰 30 斤，春和晚秋期备足木炭 50 斤，夏期 20 斤。其余鹅毛、蚕筷、切叶刀、叶磴、叶籭等视需要做适当配备。

第 4 条　蚕期中的劳动力是各项技术措施切实执行的唯一保证。对每个饲养员担负的任务数为：第一龄 5 张，第二龄 4 张，第三龄 3 张，第四龄 2 张，第五龄 1 ～ 1.5 张。劳力紧张的生产队，对每个饲养员必须增加担负的任务时，也应约束在 20% 以内。第一至三龄用叶由饲养具自选自采，第四龄起用叶由生产队另派劳动力采摘后供应蚕室。

第 5 条　必须选择阴凉的地方或专造泥墙草室作贮桑室，每 100 斤桑叶的贮桑面积不少于 18 平方尺，为了第五龄最大用桑的需要，每张种必须备足 40 平方尺的贮桑面积。贮桑室的条件要求既能密闭，又能畅通空气。

第十章　消毒防病

第 1 条　杜绝养蚕生产中病虫为害最有效、最经济和最根本的办法是事先加强对蚕室、蚕具和大环境的清洁卫生和消毒，做好预防工作。并在养蚕期中随时防止病虫与蚕的接触和施行及时的清洗消毒。

第 2 条　蚕室消毒必须严格遵照如下的制度。

第一步：蚕室在催青前 10 日先打扫清洁，涂塞屋角洞孔，刮去地面表土，四壁及灰幔洗干净后用石灰刷白。

第二步：取下可拆卸的门窗，利用附近的河塘清水洗刷干净，日晒。

第三步：对贮桑室和稚蚕室必须在打扫清洗后例行药剂消毒，消毒药剂任选下述一种：

（1）漂白粉液消毒配成 1% 有效氯漂白粉液，每 100 平方尺面积用澄清药液 5 斤。消毒后密闭并保持湿润 30 分钟。一般蚕室每间须备有效氯在 28% 以上的漂白粉 2 斤。

（2）赛力散石灰浆消毒前一日将赛力散配成 0.2% 液，使它充分溶解，第二日再加入新鲜生石灰使成 2% ～ 4% 石灰混浊液，即可喷用。喷后保持半小时以上的湿润。一般蚕室每间须备赛力散 0.1 斤，新鲜石灰粉 1 ～ 2 斤。

第 3 条 所有拿进蚕室或与蚕、桑直接接触的用具，必须事先进行水洗清洁消毒，消毒法因用具种类不同，分别采用以下办法进行：

1. 竹木器材如蚕匾、蚕筷、篾垫、蚕架、给桑篓等，清水洗涤晒干后，放在蚕室内与上述任何一种蚕室消毒法同时或单独进行消毒。对每 80 只圆匾或 100 只方匾须备漂白粉 2 斤或赛力散 0.1 斤，石灰粉 1 ～ 2 斤，方法亦相同。生产队在采用赛力散石灰浆消毒蚕具时，可把药液配在特建的石池内，蚕具陆续投入浸渍半小时以上，然后清洗，日晒干燥。

2. 蚕网（小蚕网或草绳网、麻皮网）、蔟箔、麻杆帘等用纱、麻、草编织的器具用赛力散石灰浆消毒，小件器材放在锅内蒸煮，必须达到沸点后保持 40 分钟。

3. 铁制器材如火钳、火链等水洗干净，叶刀经磨后水洗揩干。

4. 防干纸先揩干净，然后用蚕室消毒药水揩湿，干后烫蜡，鹅毛可水洗后蒸煮或直接浸在消毒药水中达 30 分钟，然后水洗晒干。

第 4 条 蚕体消毒。为预防僵病的发生，必须在每龄饲食前进行防僵粉消毒。赛力散防僵粉系按重量 1 份赛力散与 19 份石灰粉充分拌和。西力生防僵粉系 1 份西力生混和 24 份石灰粉。曲霉病严重的地区，必须在收蚁给桑一次后，进行蚁体防僵粉消毒。消毒时药粉撒在蚕体成一薄层，停留 5～10 分钟后，撒焦糠给桑。每张蚕种全龄须备 0.2 斤的赛力散或西力生。

第 5 条　建立经常性的养蚕清洁卫生制度，养蚕人员必须共同遵守下面各点：

1. 给桑前、除沙后必须洗手。

2. 蚕室门口放石灰，进出贮桑室须换鞋和洗手。

3. 采叶箩与蘖沙箩严格分开。

4. 蚕室贮桑室内外及桑地附近绝不摊晒蘖沙。

5. 贮桑室补湿用水，一定要清洁干净。

6. 病死蚕投入石灰缸中，蚕室蘖沙及时除清作堆肥。

7. 蚕室、贮蚕室、蚕具等坚决不存放农药，以防蚕儿中毒。

8. 养蚕室、贮桑室不存放食物，以免引诱苍蝇、蚂蚁和老鼠。

第 6 条　每当养蚕结束，必须对使用过的蚕匾、麻杆帘、蚕网、叶箩、蚕筷等大小蚕具进行水洗干净，日晒干燥；对养过蚕的蚕室、贮桑室和上蔟室也进行一次打扫和洗涤。

第十一章　春蚕饲养

第 1 条　领种前晚，先在稚蚕室内加温至 78 华氏度，干湿差 4～5 度，蚕种领到后，解出蚕卵，平铺于蚕匾内，遮光，继续加温。次日早晨 5 时起感光，8 时收蚁，9 时前收毕，收蚁当时室内温度降低到 75 华氏度。

第 2 条　散卵收蚁的方法，是在卵面上盖一张防蝇网，在防蝇网上再盖一层桃花纸（或防蝇网），停留 10～15 分钟引蚁，一次引收不尽，继续再行。引出的蚁连网带纸移入另一匾内，随即给桑。2 次给桑后，整理蚕座。

平附种的收蚁方法是先将切碎的桑叶均匀地撒布在蚕座纸上，面积比蚕种纸板略大，然后将蚕种纸板背面向上，卵面向下，复盖在蚕座上，等 5～10 分钟，揭起纸板，蚁蚕则留在蚕座上。对每两张蚕种，前后收放 3 匾。

第 3 条　各龄温度要求掌握标准：第 1～2 龄 79～80 华氏度（如内

外开差极大时，最低不少于75华氏度），第3龄77～78华氏度，第4龄76华氏度，第5龄自然温度，眠中温度稍低1～2度。

第4条　每盒蚕种（8克蚁量）盛食期蚕座面积标准为，第1龄6平方尺（1匾），第2龄18平方尺（3匾），第3龄45平方尺（6匾），第4龄90平方尺（10匾），第5龄180平方尺（16匾）。如果蚕匾较少，第5龄蚕座面积不少于150平方尺（13匾）。或按小蚕期（第1～3龄）蚕与蚕之间有2条蚕的空位，大蚕期（第4～5龄）蚕与蚕之间有1条蚕的空位为标准。随时注意蚕儿分布均匀。

第5条　每日分早晚2次采叶，早上在10时前，晚上在4时后，上下午各采当日用叶量的50%，从树上采选色泽正绿的成熟叶；在运输和贮藏过程中，务必保持叶质新鲜。桑叶在运输贮藏中发生干瘪或蒸热时，严格剔除。

第6条　对第1～2龄蚕，采摘片叶，切成比蚕体长增加一半的方块桑喂饲；对第3龄蚕采摘片叶及三眼叶，切成三角形叶喂饲，第4龄给全叶，第5龄给全芽叶。

第7条　第1～2龄采用防干纸育，每日给桑4～5次，第3龄采用防干纸覆盖，每日给桑4～5次，第4龄普通育，每日给桑6～7次，第5龄每日给桑5～6次。壮蚕期如夜晚温度低于70华氏度且无法加温时，前后给桑时间可以相距7～8小时。

第8条　使用防干纸育时，须在每次给桑前30分钟掀开上覆的防干纸，逐匾给桑，逐匾覆盖遮闭。为防蚕座多湿，须间隔给桑2～3次，于给桑前撒焦糠一层，隔离吸湿。

第9条　各龄眠除后给桑2次，仍见较多迟眠蚕时，加网提出青头。如青蚕给桑2次后仍有较多迟眠蚕时，再行提青一次。最后提出的青蚕，必须照常给桑以求饱食就眠。如果少数青蚕与早眠蚕相隔时间在一天以上，大小不匀，而且数量不多者，予以淘汰。分批就眠的，蜕皮后分批饷食。饷食以起蚕95%、口器已变暗色、头胸昂起左右摆动为适时。

第 10 条　保证蚕座清洁卫生，及时清除蚕粪。第 1 龄眠除 1 次，第 2 龄起眠除各 1 次，第 3 龄起眠中各 1 次，第 4 龄每日 1 次，第 5 龄每日 2 次或 2 日 3 次。除沙时蚕匾里须撒焦糠或稻草吸湿，除出的蚕网随时日晒或烘燥，蚕沙随时搬出送走。

第 11 条　注意室内空气新鲜。第 3 龄每日 3 ～ 4 次定时换气各 5 分钟，第 4 龄开启小窗，保持经常通气，第 5 龄全日开启门窗，保持室内有微弱气流，室内悬挂 5 寸长、半寸宽的小纸条，经常见到纸条轻微飘动为适当（0.05 米 / 秒）。

第 12 条　各龄发现特迟、特小和虚弱、疾病和不正常的蚕时，坚决淘汰。发生传染性病蚕时，每给桑 2 ～ 3 次撒防僵粉 1 次，加网除沙，清除蚕粪和病蚕。换出的蚕网、蚕匾，洗晒消毒。

第 13 条　加强蔟中管理。蔟室要求干燥，上蔟后蔟室保温 75 华氏度。蔟室面积为蚕室面积的一倍半。为此，除蚕室套用上蔟外，必须另行准备 50% 的蔟室作为周转。推广改良伞形蔟和蜈蚣蔟。改良伞形蔟蔟草长 1.6 ～ 1.8 尺，每把蔟草约 20 根。蜈蚣蔟蔟草长 6 ～ 7 寸，对每平方尺蔟面积匀布熟蚕 50 ～ 60 头。

第十二章　夏秋蚕饲养

第 1 条　蚕种领到后，应平铺在蚕匾内，插入蚕架下层并行遮光。翌晨 5 时露光，7 时收蚁毕给桑定座。收蚁方法同春期。以后每日分上下午两次，随出随收。

第 2 条　小蚕用叶，先吃草桑或春伐湖桑，再用删除的芽叶及枝条下部的 3 ～ 4 叶。早晨在 9 时前带露采叶，采取当日用量的 70%，傍晚于 5 时后采叶，随采随吃。贮桑室务求阴凉密闭，早晨采叶前，贮桑室开窗换气清场一次，消除室内蒸热霉气。

第 3 条　小蚕防干纸育，大蚕普通育，饲育标准同春期。小蚕期室温在 88 华氏度以上，且干湿差不到 3 度时改用普通育，每日给桑 10 ～ 12 次。

其余情况都可采用防干纸育。大蚕期如遇高温干燥，须多次薄饲湿叶。补湿用井水或日用水，如用塘水、河水补湿，需对每100斤水加漂白粉0.5克杀菌消毒。

第4条　严格剔除虫叶、病叶和虫粪叶，以免蚕儿食下引起疾病。万一桑地普遍发生病虫害，影响桑叶供应时，给桑前必须撕去病斑，清洗虫粪，保证桑叶清洁。

第5条　在蚕架脚和靠近蚕架的柱脚上涂柏油一圈（干后要重涂），以防小蚕被蚂蚁危害。

第6条　夏秋期天气闷热时，应加强室内的通风换气工作。大蚕尽量开门饲养。为此，除事先必须搭好凉棚（棚宽7～8尺，高出屋檐2尺，不透光，不漏水），增加门窗的换气面积（参见第九章第2条）外，还应临时在室内安装手拉风扇等，鼓动气流，敞开门窗，使室内空气始终保持新鲜。每当傍晚或阵雨前后，尤其要加强人工拉风，严防气闷。

第7条　壮蚕饲育为避免高温闷热的危害，要求做到三稀，就是室内蚕架放得稀，蚕匾插得稀，蚕匾内蚕头分布稀。给桑匀薄，随吃随给。夜晚气温下降接近适温时，应加强给桑，室外气温更容易下降，可将部分蚕搬到场地饲养，翌晨日出前搬回蚕室。

第8条　门窗安装防蝇网以防蚕蛆蝇危害，如防范不周，从第4龄起添食500倍冷开水稀释的"灭蚕蝇"药水。计第4龄第3日，第5龄第2、4、6日（熟蚕）各添食一次。使用药水量为添食当时用桑量的10%，即每10斤叶用1毫升原液。药水随配随用，配好后用洗帚细细洒在桑叶上，边洒边翻，最后充分拌和均匀，勿使叶与叶之间粘着多量药水。蚕儿将眠或见熟时用喷雾器以300倍"灭蚕蝇"药水喷在蚕儿体表（喷潮为度，约为体重的2%～3%），由于药性透入体内，也可起到杀死幼蛆的作用。

第十三章　蚕病、虫、药害的应急处理

第1条　蚕室、蚕具虽经消毒，有时也难达到彻底，更由于引起蚕病

的病毒、细菌、真菌、原虫、昆虫，等等，随时飞扬在空气中或隐藏在壁角、泥地、塘水中，有很多直接或间接的机会带进蚕室与蚕接触而发病。此外，农田和桑园防除病虫害使用农药在一定时间内，或由于药粉漂浮，或由于粘着桑叶，被蚕儿吸入或食下，都能发生药害，必须事先注意预防。既发生病、虫、药害后，都应当立即采取措施制止蔓延。

第2条　蚕期发生白肚蚕（血液型脓病和胃肠型脓病）和空头病蚕时，立即撒布新鲜石灰粉进行蚕体和蚕座消毒，并借此淘汰病蚕，每天2～3次。挑出的病蚕和除出的蚕沙深埋沤制堆肥，切勿以之饲喂家禽、家畜或随手乱丢，以免病毒到处传播，重复传染。原用的蚕匾、蚕网在太阳下充分曝晒和消毒，最好立即更换蚕室、蚕匾和蚕网，采选好叶，仔细饲养留下的健康蚕。给桑前，除沙后洗手，桑叶箩不装蚕沙。

第3条　蚕期发生各种僵病和曲霉病时，每天应用赛力散或西力生防僵粉消毒一次，直到不见僵蚕为止。食桑期中撒布防僵粉须在桑叶吃尽时进行，眠蚕防僵须在提青止桑后进行。撒粉除沙后，蚕座多撒焦糠或短稻草，加强蚕室通风，拣出的病蚕，用火焚烧，以免孢子飞散扩大传染。

第4条　发现粪结、脱肛或排出连珠状软粪的病蚕时，拣出病蚕。对留下的健康蚕，喂给新鲜清洁的桑叶，切不可以虫粪粘着的桑叶或干瘪叶喂蚕。对已采桑叶发现粘着虫粪或霉菌、虫尸时，必须用水清洗后方能应用。

第5条　蚕儿受蛆蝇危害而发生蛆害蚕时，须应用"灭蚕蝇"药水对这些染病个体进行治疗。治疗的方法或以500倍液喷洒桑叶添食，或以300倍液对蚕体表喷雾，计第5龄隔天喷洒1次，上蔟前喷洒1次，如受害个体较多而又无法彻底拣出受害蚕单独治疗时，则连同蚕座上的健康蚕一起喷药（参考第十二章第8条）。

第6条　大田作物或桑地使用农药防治病虫害时，在一定时间内药粉或药液直接或间接与蚕接触，能引起农药中毒。蚕儿农药中毒的症状是：突然而来，成团成堆，不吃桑叶，乱爬乱滚，口吐胃液，污染全身，轻度中毒的呈软化病症状。农药种类不同，中毒症状各有区别。

第7条　六六六中毒。蚕儿食下或接触六六六，向四周乱爬，口吐胃液，重者乱爬数分钟静止，轻者乱爬达数小时。乱爬后，头尾上下翻翘，不断颤抖，胸腹缩短，继续吐出胃液，污染全身，使环节间变成黄色，最后胸部膨大，尸体弯成 S 形。为避免六六六中毒，桑地使用农药后，春期须经 20 天，秋期须经 10 天方可采用。一旦发现中毒蚕，必须首先摸清药害来源，更换别块桑地采叶，并对中毒蚕室尽快给予新鲜无药害桑叶，除沙、换匾、换网。

第8条　二二三中毒。二二三的残药时间在 45 天以上，故不适于桑叶除虫之用。一旦蚕与二二三接触后，停止吃叶，全体痉挛，吐胃液较多，体缩小而成粗短，全体起皱，假死状态较长，尸体不弯曲。由于二二三的残药时间特长，故蚕期前千万不能在农田或蚕室附近使用二二三。中毒后处理方法同六六六中毒的情况。

第9条　鱼藤精中毒。蚕儿吃下或接触鱼藤精后，不吃桑叶，随着时间的延长而呈中毒症状，表现为行动呆滞，体不缩小，但呈软化症状，最后侧转侧卧，尸体平直。轻度中毒在接触经 36 小时后方始出现中毒症状，亦有陆续复苏的，但很少能存活至上蔟结茧。鱼藤精的残药时间：在强光（88 华氏度）下经 3 天毒性全失，但在阴雨天，需经 1 个月方可保证无毒。中毒后处理方法同六六六中毒的情况。

第10条　敌百虫中毒。桑叶接触敌百虫在 7～10 天之内，被蚕儿食下后能发生中毒。症状是：头胸摇摆，乱爬，口吐胃液，污染全身，体躯缩短，应急处理，方法同六六六中毒的情况。

第11条　敌敌畏中毒。桑树喷洒敌敌畏在 2 天以内，桑叶用来喂蚕时，能发生中毒。症状同敌百虫中毒，应急处理的方法同六六六中毒的情况。

　　［参加总结和整理者（以姓氏笔划为序）：刘子民、刘乌楠、余国东、许修春、邵汝莉、陈聪美、秦俊、惠永祥、杨大桢、蒋猷龙］

选好蚕品种　增产夏秋茧[1]（摘要）

海宁钱塘江公社云龙大队科学试验小组

要养好夏秋蚕，蚕品种是非常重要的因素。在 1976 年夏、秋期进行了一些新品种的对比试验，对比成绩如下：

试验期别	蚕品种	全龄经过（日:时）	每张种		每担桑		50克茧干壳量（克）	斤茧颗数
			产茧量（斤）	产值（元）	产茧量（斤）	产值（元）		
夏	育 26 × 选 3	23:0	88.1	127.02	6.77	9.77	9.00	243
	苏 17 × 苏 16	23:12	74.4	111.31	6.24	9.34	8.95	282
	选 3 × 育 26	23:19	70.4	111.56	5.96	9.45	9.53	264
	苏 17 × 苏 16	23:7	68.0	102.73	5.98	9.04	8.90	285
早秋	选 3 × 育 26	21:0	63.9	88.2	7.40	10.25	9.00	292
	东 34 × 苏 12	20:0	59.5	70.5	7.01	8.36	7.43	322
	育 1 × 育 26	20:0	55.3	64.7	6.70	7.84	7.55	313
	东 34 × 苏 12	20:0	56.2	68.5	6.20	7.58	7.74	302
中秋	育 26 × 选 3	27:21	78.3	126.5	6.90	11.13	9.30	256
	苏 12 × 东 34	27:0	70.1	91.06	6.20	8.30	8.00	298
	育 26 × 育 1	25:6	65.1	90.65	7.88	10.98	8.60	300
	苏 12 × 东 34	25:10	65.5	82.00	7.55	9.70	7.90	313

通过对比试验，我们认为选 3 × 育 26 正反交无论在单张产茧量、产值或担桑产茧量和产值方面，都较现行推广的对照种苏 12 × 东 34 正反交为好。其一龄经过稍长，全龄经过延长一日以内，但抗病加强，体质健壮，食桑旺盛，耐高温，发育齐一，是有希望的新品种。

彻底消毒　精选良桑[2]（摘要二篇）

云龙大队　张子祥

多年来，我们大队各生产队凡在饲养各期夏秋蚕以前能全面彻底消毒

[1]　本文曾发表于 1977 年第 2 期《蚕桑通报》。
[2]　本文曾发表于 1977 年第 2 期《蚕桑通报》。

和各龄精选良桑的，都能取得良好收成，但如 1970 年夏蚕消毒不彻底、1971 年中秋小蚕吃湿叶，都引起了大蚕暴发蚕病，教训深刻。

各期蚕的饲养，夏蚕大致 6 月 17—19 日开始，饲养量占春种的 25%，用叶标准为对春伐桑小蚕采上面 1～2 片，大蚕从下而上采 30%，其他用疏芽叶，对新条采用下部 4～5 片。早秋 7 月 28—30 日开始，饲养量占春种的 50%，采叶占当时条上叶片的 50%。中秋 8 月 28—30 日饲养，比例占春种的 85%，饲养后，在条上留叶 5～6 片，各龄用叶的标准是：1～2 龄鲜绿色，3 龄深绿色。大蚕主要是稀放饱食，到 5 龄放足 26～28 只大圌。

此外还做到搭凉棚、挂草帘等降温措施，养蚕期间随时进行蚕具、蚕座消毒，杀灭病原，防止发病。

合理密植是获得桑园高产的重要措施之一。为了摸索桑园的密植程度和养成形式，我们在学习兄弟大队经验的基础上，结合平整土地试种无干和低干密植桑，同时开展科学试验进行比较，以确定大面积种桑的方向。现摘录本大队建一生产队的一部分试验结果如下：

1976 年春叶和冬条调查概况

（按每亩平均）

栽种时期	形式	株数	产春叶（斤）	平均枝条长（尺）	平均每株枝条数	总枝条长（尺）	总枝条数
1970 年	无干	2000	1872	4.91	4.7	29463	9450
1972 年	低干	1140	1749	3.6	6.8	27770	7752
			1770	3.06	6.0	20928	6840
1976 年	中干	约 600	2810	3.0	17.0	30000	10200

在比较观察的过程中，认为无干、低干桑收获早，秋叶利用多。正因为秋叶利用多，对树势的损伤较大，产叶量增长不显，且目前桑园已进入壮龄期，但春叶产量没有超过 2000 斤。近年虽注意合理用叶，少摘早秋叶，来年发芽率有所提高，但三眼叶量较多，所以产叶量仍不理想。此外，下部泥叶较多。而进入壮龄的中干桑（干高 3.5 尺，行株距 5 尺 ×2.5 尺）树势健壮，增产潜力还很大。

全大队通过各生产队近十年来的实践和科学试验，一致认为本地不适合低干和无干密植形式，也可能与土质有关。所以，近年大队栽种高产桑园的指导思想是：改稀植为合理密植，树干由过去的中干偏高改为中干偏低，即主干和支干共高 3 尺，留 2～3 拳，每亩栽桑 1000 株左右，不超过去时 200 株，以亩产春叶 3000 斤、夏秋产叶 4000 斤为目标，为亩产茧 500 斤提供物质条件。

在桑品种比较中，观察到团头荷叶白耐剪伐。总之，我们认为，桑园高产必须全面贯彻农业"八字宪法"，即使摸索到了适应于当地的密植程度和养成形式，仍要与其他因素密切配合。

亩产茧四百斤的回顾和展望[①]

海宁钱塘江公社云龙大队建一生产队

我们生产队是蚕桑生产的老区。在抗日战争期间，桑树毁坏殆尽，抗战胜利后虽新种了桑树，由于在国民党统治下物价飞涨，粮食不足，生产水平很低，无心发展蚕业。直到解放后，尤其在 1958 年"大跃进"开始时，我们生产队与全大队的其他生产队一样，方才重视蚕业生产，建立新桑园，兴修蚕室。当时栽桑、养蚕仍按老经验办事，例如桑树栽植密度都采取 4 尺 ×3.5 尺的行株距，中干偏高形式，平均亩栽 436 株，桑品种是夏秋叶硬化早、褐斑病易发的红皮大种，树势杂乱，发条数少，加之桑园间作，缺肥少管理等，产叶量不高。在养蚕上，僵病是造成低产的最大威胁，此外，脓病、空头病也常发生。1963 年以前，桑园虽逐渐注意到专业化，增产仍较缓慢。这年冬起开始重视桑园的基础工作，针对桑园植株稀的状况，以补植加密为主，凡桑树四周隙地在 4 尺以上的，补植壮桑苗一株，要求

---

① 本文曾发表于 1977 年第 3 期《蚕桑通报》。

每亩加密到 500 株，桑树寥寥无几的桑园，则挖去另种，采取深掘浅栽，施足基肥，保证种一株活一株。

鉴于原有桑园留拳数少，枝条稀疏，从 1964 年开始，对桑园的改造着重于提高夏伐、更换老拳、拳上留拳和留条补拳，借以增加发条数，对每株桑树要求分年留足 6～8 拳，每拳留 3～4 根枝条，以每亩万条为目标，一年两季绿肥，增进土壤肥力。养蚕上严格彻底消毒，推行小蚕防干纸育和改良上蔟。为了使桑和蚕的生产关系密切结合起来，这年起，开始用每亩桑园的产茧量来表示成绩，克服了过去按蚕种计算单产、抓蚕不抓桑的脱节现象。

我们不断地摒弃老经验，相信科学，采用新技术，学习德清太保堂生产队亩产百斤茧的先进经验，并开展科学试验探索高产途径，产茧量获得大幅度增长，在 1963 至 1976 年的 13 年中，95 亩专业桑园全年亩产蚕茧从 87.7 斤提高到 434.6 斤，增长 400%，平均每年上升 30%，蚕茧质量和产值也相应地提高。

亩产蚕茧的提高，主要是靠物质基础，即桑叶产量和利用率的提高，其次是适时地合理采摘桑叶养好蚕，使桑叶转化为蚕丝。

13 年中，逐年的亩产茧量绘图如下：

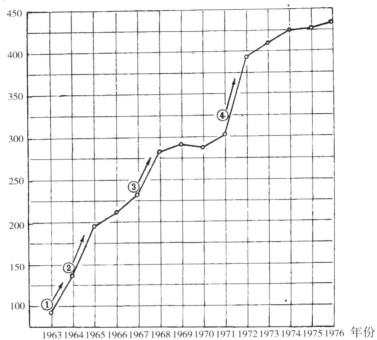

斤/亩

从上图可以看出，我队1963—1964年、1964—1965年，1967—1968年及1971—1972年出现过四次亩产蚕茧量较大的跃进，即一年间增产蚕茧在50斤以上。回顾取得这些跃进成绩的主要技术措施是：

1964年

正如以上所说，1964年产茧量的大幅度增长的原因是多方面的，如桑园退出间作走向专业化，种植的新桑进入旺盛的生长发育阶段和桑园的合理肥培管理，等等，但主要的是该年采用提高夏伐，控制删芽数，争取多留条，促使条直而长，减少卧伏条，每拳留条3～4根，从而为夏秋叶增长打下了基础，秋茧比上年增产50%以上。养蚕上通过彻底消毒，在采用防干纸育等保证蚕吃饱吃好的情况下，各期蚕都获得丰收，全年亩产茧达到131.2斤。

1965年

通过上年的补种新桑，提高夏伐，大大地改变了桑园的面貌。如1964

年抽样调查桑园每亩 5703 条，总条长 13552 尺，到 1965 年每亩为 8547 条，总条长 23883 尺，条枝增加 66.9%，条长增加 56.9%，为各期蚕按比例增长提供了物质条件。但更重要的还在于对这一年秋蚕饲养制度进行了改革，即紧接夏蚕后增养一次早秋蚕，使产茧量显著提高。

历年饲养中秋蚕，思想上总是为避免高温而推迟至 8 月底发种，但这时桑园病虫害已很严重，叶质老硬，每张蚕种产茧量在 40 ～ 50 斤。1965 年全大队实行秋蚕饲养制度的改革，即认识到良桑饱食是养好蚕的基础。蚕体强健才能增加对高温和病原的抵抗力。在用桑上，分期分批地采用枝条上的成熟叶，提高了用桑质量和利用率。此外，分批饲养秋蚕，缓和了劳力和蚕室、蚕具的紧张，有利于养蚕科学化。这一年，虽然在秋叶分期利用上还缺乏经验，不够标准，但对增产蚕茧起到了决定性的作用。

1968 年

这一年蚕茧增产是 1964 年种的中干桑显示了增产的作用。鉴于我们地区以前种的红皮大种桑，不利于饲养秋蚕，1964 年冬补植和新种白条桑，在渠道、河旁补植小蚕用火桑。经过 3 ～ 4 年的时间，老树换新颜，新树焕发青春的活力，在水丰肥足的基础上，枝条密而长，叶片厚而绿，又在桑园丰产的基础上养好蚕，结好茧，这一年的蚕茧增产幅度也是很大的。在养蚕技术上肯定了塑料薄膜围台育是符合养好小蚕、适于我队大规模饲养的一种形式，一直推行到现在。

1972 年

这一年每亩桑园产茧量比上年提高 93 斤，是"最大的一次跃进"，主要关键仍在于桑园的不断改造。为了实现园田化，更好地贯彻执行"农业学大寨"，1966 年起进行土地平整，首先把零星桑园及亩产春叶不到 1000 斤的桑园先行挖掘，按四改要求建立新桑园，株行距按 3 ～ 4 尺 ×2.5 尺，干高 3.5 尺，每亩栽 600 ～ 750 株，并试种了一部分低干桑，截至 1976 年已改造了 60 亩桑园，其中低干桑园 32 亩。

1973 年虽然亩产茧比上年增加 17 斤，但从这一年起跨进了亩产茧

400 斤的大关，迄今四年来，逐年有所增长，1976 年为 434.6 斤，这年各期生产概况见下：

	项　　目	春	夏	早　秋	中　秋	晚　秋	全　年
养蚕	蚕品种	东肥 × 华合正反交	苏 17 × 苏 16	东 34 × 苏 12	苏 12 × 东 34	苏 12 × 东 34	—
	收蚁日期	5 月 4 日	6 月 20 日	8 月 1 日	9 月 3 日	9 月 27 日	—
	蚕种 张数	185	41	120	166	45	557
	蚕种 比例	33.2	7.4	21.5	29.8	8.0	100
	蚕种 比例	100	22.2	64.9	89.7	24.3	—
	产茧 量（斤）	17506.5	3075.8	6846.0	10934.4	2923.6	41288.4
	产茧 比例	42.4	7.5	16.6	26.5	7.0	100.0
	亩产茧（斤）	184.3	32.4	72.1	115.1	30.8	434.7
培桑	采叶 量（斤）	250408	46135	109565	158563	42992	602564
	采叶 比例	41.55	7.66	18.18	26.30	7.13	100.0
	采叶 比例	100.0	18.4	43.8	63.3	1.7	—
	斤茧用桑（斤）	14.3	15.0	16.0	14.5	14.7	14.6
	施　肥　量	氨水 800 担 碳铵 4500 斤 磷肥 5600 斤 人粪 1600 担 绿肥 1050 担	氨水 50 担 碳铵 4500 斤 人粪 4800 担 水河泥 7000 担	氨水 30 担 人粪 800 担 夏绿肥少量（生长不好）			水河泥肥效不计，氨水肥效 50% 计，全年施纯氮 12365 斤，每 100 叶折施 2 斤

1977 年我们规划亩产茧 450 斤。

回头来看我们队蚕桑生产的发展还有很大的潜力，即如何利用无限的时间和空间来创造新生事物，如何研究宏观和微观——大至研究如何充分利用太阳能和桑园群体结构，小至研究提高每头蚕对桑叶的消化吸收率，掌握蚕桑生产发育规律，做大自然的主人。这就要求我们通过广泛的科学试验和综合运用先进的科学技术不断地克服困难、改造自然。例如全生产队各块桑园的产量还很不平衡，新种桑的春叶最高产量仅 2810 斤，对低干桑的高产规律还摸不清楚，亩产春叶量仅 1872 斤，无干桑仅 1749 斤。有的桑品种不耐采伐，不适于全年多次养蚕充分用叶的要求。养蚕方面，选用蚕种，节约用叶，提高品质，彻底防病等还有不少问题留待解决。我们初步要求在近几年实现亩产茧五百斤。实现这一指标的物质基础仍旧要着重桑园建设，充分利用时间和空间增产优质桑叶。为此，每亩桑园要达到总枝条 8000 根，每条长 6 尺，产叶 4.4 两，即具备亩产春叶约 3500 斤的基础，各期用叶规划如下：

春叶（100%）实产 3500 斤；夏叶（春叶的 15%）采用 500 斤；早秋叶（春叶的 40%）采用 1400 斤；中秋叶（春叶的 60%）采用 2100 斤；晚秋叶（春叶的 10%）采用 350 斤。

全年合计采用叶 7850 斤，按斤茧用桑 15 斤计算，可产茧 500 斤。为此应做好肥培管理和养蚕等各方面的准备工作。

抓纲治国学大寨，科学养蚕夺高产[①]（摘要）
中共海宁钱塘江公社云龙大队党支部

我们钱塘江公社云龙大队几年来，在抓阶级斗争和生产斗争的同时，针对生产上的薄弱环节，组织浩浩荡荡的科学试验群众队伍，解放思想，学科学、改革技术，积极开展群众性的科学试验活动，不断摸索蚕桑高产规律，改变了过去亩产蚕茧 70 斤左右的落后面貌，促进了全大队蚕茧稳产高产。1964 年，实现了亩产千斤桑、百斤茧，1968 年亩产蚕茧跨过二百斤，从 1972 年起，全大队平均亩产蚕茧连续六年超过三百斤，其中 1972 年亩产 306.9 斤，1973 年亩产 336 斤，1974 年亩产 340.7 斤，1975 年亩产 345 斤，1976 年亩产 350 斤，1976 年亩产与"文化大革命"前的 1965 年 146 斤相比增长 140.0%，总产增长 132%。1976 年全大队投售给国家蚕茧 223855 斤，平均每户投售 328.2 斤，1977 年亩产茧达 358.6 斤。

十多年来，我们大队在科学试验所得调查资料的启示下，在桑园管理上经历了恢复树势、三增（增株、增拳、增条）、四改（低产桑改植，稀桑改密，"靠天桑"改旱涝保收桑，劣种桑改良种桑）等阶段。在养蚕管

---

① 本文曾发表于 1978 年第 2 期《蚕桑通报》。

理方面实行彻底消毒，加强饲养，改善上蔟等技术革新。组织上成立专业班子科学试验小组，加强培训，普及培桑养蚕科学技术。随着对自然界认识的不断提高，运用科学规律，通过革新技术，促进了亩产蚕茧量的迅速提高。回顾几年来蚕茧生产发展的过程，在培桑和养蚕技术环节上，我们坚持科学试验，以唯物辩证法的观点，指导科学培桑和科学养蚕，主要有下面几点体会。

一、育蚕需先种桑桑是养蚕的物质基础，桑园产叶量高、质优是养好蚕、结好茧的先决条件。1976 年全大队桑园平均每亩产春叶 1956 斤，全年产叶 5018 斤。通过实践，我们加深了对以下几个问题的理解：

1. 处理好植株密与稀的辩证关系。

桑是具有较强分枝能力的多年生树木，每亩种桑株数对收获早迟、产量高低有密切的关系，但对桑叶质、量的决定因素是枝条的多少和长短，在地面部分株数、条数、条长、叶幕等组成的群体结构中，处理好各方面的矛盾和统一关系是关键。针对 1963 年前的桑园株稀、干高、条少的状况，1964 年通过补株、增拳、增条，每亩株条达到 5703 条，1965 年达到 8547 条，使桑叶产量大幅度增长。但这还是在老桑园基础上的修修补补，随着大面积成片桑园的建立，在全省推广无（矮）干密植桑的启发下，我们于 1970 年在各生产队开展了 800～2000 株的不同种植密度和养成形式的对比试验，通过连续多年来的评比，摸索出适应本地沙粉碱性土，便于常年采叶，有利于树健壮和高产的种植形式，以每亩桑园留条 8000 条，每条长 5 尺，产叶 3.8 两，总条长 4 万尺，亩产春叶 3000 斤为目标，目前合理培桑的壮龄桑，1976 年经调查，每亩 8420 条，条长 5 尺，春叶产量 3158 斤，全年产叶 6788 斤。

2. 处理好经济用肥和合理施肥的辩证关系。

桑树群体的生产力建筑在施肥水平上，我们大队属经济作物地区，粮、麻、油菜都需要大量的肥料，几年来解决的办法着眼于开辟肥源，在大力发展畜牧业的同时，桑园全面种好冬季蚕豆绿肥和争取种好夏季绿肥，此外，通过科学试验，探索保持和提高肥效所必需的施肥量和合理的施肥方法，以发挥肥料的最大作用。

从科学试验中认识到春肥有催芽的作用，并且肥效可以延续到夏秋期，对夏秋期桑树生长也起一定的作用。夏秋季是桑树生长的旺盛季节，也是桑树吸肥量最大的时期，增施夏秋肥对长条、长叶、保持叶质和延续桑树生长期有着决定性意义，冬肥也有促进根系发育的效果。针对我们大队春肥充足的特点与多种作物适当安排改变原来春冬两次肥和绿肥不种或少种的习惯，做到增辟肥源，四季培桑，计划用肥，讲究实效。全年春肥以人畜粪为主，适当施用速效化肥，翻埋蚕豆绿肥；夏肥用人畜粪、氨水和化肥，翻埋夏绿肥；秋肥以人畜粪为主；冬肥用羊栏肥、菜饼和河泥，折合各期标准肥施用量为春 40%、夏 35%、秋 10%、冬 15%，挖潭施埋，防止流失，化肥与有机肥相结合，改良土质，提高肥力促使根深叶茂。

"高产、低产在于肥"，每亩桑园留了这么多枝条，要达到桑叶高产和维护树势健壮，必须有一定的施肥量，否则很快就会产生"上拳败"的不良后果，树势早衰，以后就很难多长条、产好叶，这对密植矮干桑的反应更为明显。我们粗略地分析每产叶 100 斤，通过桑叶和枝条从土地中夺取的养料、桑树生活活动的损耗和土壤中养分的流失，至少必须补进纯氮肥 1.5 斤以及相应比例的磷、钾肥料。这些资料启示我们每亩桑园的施肥量要随着产叶量的提高而逐年、逐期增加。例如 1964 年平均产叶 1669 斤，全年施用标准肥 5053 斤，1965 年平均亩产叶 2562 斤，全年施用标准肥 10300 斤，每百斤叶折施纯氮 2.06 斤；1976 年平均亩产叶 5018 斤，全年施用标准肥 14500 斤，折施氮肥 1.45 斤，其中建一生产队 95 亩桑地，1976 年亩产茧 434.6 斤，平均每亩全年产茧 6026 斤，全年施肥量折合纯氮 2.05 斤，保证土壤肥力的提高。

3. 处理好用水的灌和排的辩证关系。

从 20 世纪 30 年代以前的养蚕制度来说，一年一期春蚕，饲养少量夏蚕，不养秋蚕，主要蚕区的地下水位较高，因此，我们总结出"大旱三年，枝条冲天"的经验。到了70年代的今天，一年主要四期蚕，而且夏秋蚕的饲养占着重要的地位，为了保证夏秋叶的质和量以及促使枝条不断伸长，桑园用水问题开始引起重视。夏秋是高温干旱的季节，如桑园缺水，尽管肥料充足，也不能被桑树很好吸收利用，在缺肥缺水的情况下，更促使桑叶硬化和提早封顶，高温成了不利的因素。但在肥水充足的情况下，高温成了促使枝叶迅速生长发育的有利因素，为了探索桑园供水的作用，大队科学试验小组在建一生产队进行了对比试验，8月4日和8月24日桑园灌水两次，调查得知，灌溉区在灌水后每根枝条陆续长叶5～8片，亩产秋叶2494斤。不抗旱区原来枝梢的嫩叶凋萎，生长停止，亩产秋叶1923斤。通过科学试验增强了我们对改造桑园的信心和决心，从1968至1976年，原来全大队千块以上高低不平、大大小小的桑地，已改植为沿河两岸13里成片成带的平整桑园，为桑园灌水创造了条件。

随着灌溉问题的解决，另一方面出现了涝害的影响，第九生产队1970年平整新种的一块桑园，1975年由于春季雨水多，同块桑园土地略欠平整，排水良好的一侧亩产春叶2100斤，低处积水的一侧亩产只有1900斤，受涝减产的200斤，通过在田块间掘腰沟1.2尺，解决了春季可能遭受的涝害。在用水问题上从正反两方面的事例可见，春季大块桑园尤其是新种桑和新平整的桑园，可能遭受的涝害并不比秋季可能遭受的旱灾轻，因此，使我们认识到排和灌是辩证的，也是并重的。

4. 处理好对桑树采和养的辩证关系。

种桑的目的就是为了采叶，但也应从有利于桑树健旺、持续高产出发，分批采用，除应注意春期伐条不宜过迟外，对夏秋采叶的时间和数量必须适当，我们在历年生产实践中逐步加深了认识。夏期以养树为主，采叶过多，直接影响到秋叶的产量和枝条的数量、长短，间接影响到明春产量。1965年开始饲养早秋蚕以来，以为早秋蚕易出高产，饲养量曾高达春期饲养量的70%，结果影响枝条生长，通过设计饲养量为春期的70%、60%和50%的对比试验，表明以50%为好，又在早秋采叶80%、60%和40%的对比试验中，表明饲养量 60% 以下的下年春叶要减产，次年发芽率以 40% 为产量高。

从以上生产实践和多次科学试验的结果，再结合本地区农业劳力情况，得出的各期蚕饲育规模和布局的合理安排，即春蚕在 4 月底发种，相隔 7 天发二批种，5 龄第 3 天大田插秧结束，集中劳动力采叶；夏蚕 6 月 20 日左右发种，饲养量占春种的 25%；早秋蚕 7 月底发种，饲养量占春种的 50% ～ 60%，第 5 龄饷食正值夏收夏种结束，劳动力又可帮助采叶；中秋蚕 8 月底 9 月初发种，饲养量占春种的 80% ～ 90%，饲养结束全部劳动力帮助剥黄麻，然后根据情况决定晚秋蚕饲养。要求晚秋蚕结束枝条留叶 5 ～ 6 片，封顶条留 2 ～ 3 片。

二、在养好蚕，生产优质高产茧子上，几年来，通过实践，同样有不少科学问题，逐步求得解决，不断发展。

1. 处理好消毒和防病的关系。

传染性蚕病的发生，首先是环境中有病原的存在，病原的有无多少，与蚕病发生的轻重关系极大。以前我们大队的亩产茧量不高，没养好蚕也是一个重要的因素，有的生产队向来有"僵病仓库"之称。1962 年全大队每张种产茧：春茧 34.4 斤，夏茧 2.4 斤，秋茧 16.5 斤；1963 年春茧 45.8 斤，夏茧颗粒无收，秋茧 9.7 斤。通过科学试验活动，我们用显微镜观察病原，认识到消毒的重要性，1964 年各次蚕期前，全大队蚕室蚕具进行一次彻底的大清除和药剂的消毒，饲养过程中对每龄起蚕进行蚕体消毒，堵塞病原侵染蚕体的途径，再在加强饲养管理的配合下，蚕病止住了。1964 年全大队每张种产茧量：春茧 58.5 斤，夏茧 50.6 斤，秋茧 32.9 斤；1965 年春茧 71.1 斤，夏茧 63.1 斤，早秋茧 53.5 斤，中秋茧 60.3 斤，以后逐年有所提高。

同样进行消毒，生产队之间的病情不同，科学试验小组通过检查空气中浮游的病原和病原接种试验，了解到蚕室消毒后，病原仍在随着空气、桑叶和人畜、器物的附着，从室外扩散到蚕室的可能，而且蚕龄不同、蚕体质强弱不同与发病轻重的关系也很大。由此认识到养蚕全过程中蚕室内外清洁卫生和创造合理环境的重要性，积极推广新养蚕法，创造围台育，保证小蚕无病健壮，秋蚕期强调降温通风，增强蚕体抗病能力，并进行期中空气、地面、叶篓消毒，及时防除桑园病虫害，有效地控制了各期蚕病的发生。

2. 处理好蚕座稀和密的关系。

我们通过多年的养蚕实践，对蚕座稀密的认识在不断地加深过程中，老法养蚕从小蚕到大蚕都主张密，推广防干纸育时，由于每天给桑次数减少，为了适于蚕的食桑和活动，要求稀放，发展到小蚕坑房育和坑床育，每天给桑次数又有所减少，要求小蚕更需稀放，稀放的结果是桑叶浪费，蚕座潮湿对蚕并不利。最近几年来，摸索了围台育的适当标准，认为 1～3 龄蚕头可以适当密些，减少残桑，有利于改善蚕座环境；4～5 龄食桑量多，蚕体排出的废气多，必须稀放。根据这些认识，做到就地取材，用麻标做成蚕帘或简易蚕匾，为大蚕适当稀放创造条件。目前全大队每张种蚕座最大面积平均达 300 平方尺，即相当于大圆匾 28 只，并在春期进行部分凉棚下室外饲育，缓和蚕室的紧张。

3. 处理好饱食和节叶的关系。

老农从长期的生产实践中总结出了"多吃一口叶，多吐一口丝"的经验。对春期饲养的多丝量品种来说，更需要良桑饱食才能发挥茧厚、丝长的优良特性。

饲养员每一次给桑，蚕儿并没有全部吃下，根据调查，每头蚕吃下的桑叶量一般在 20～25 克范围内，如果以一张种到大蚕期还保存两万头蚕计算，全龄食下的桑叶量为 800～1000 斤，实际每张种用桑量一般在 1500 斤左右，即生产一斤茧需用桑叶 15～16 斤。可见，节叶增茧的潜力还是很大的。几年来，我们大队强调小蚕吃好、大蚕吃饱，把节约用桑贯彻到养蚕全过程，重点放在大蚕期。主要经验是：（1）严格选采小蚕用叶，采一叶，用一叶，并提前到 2 龄给片叶；（2）掌握各龄眠起时间，计划采叶，调节合理温湿度，及时均匀蚕座，促使发育齐一；（3）大蚕期勤喂薄饲，适当给湿叶，5龄第1～3天控制给桑量；（4）先熟先上，及时并匾。通过以上的技术改进，全年各期斤茧用桑量保持在14斤，今后还要进一步研究节叶的途径。

4.处理好茧产量和质量的关系。

上蔟过程在短短的3～5天时间内，关系到丰产、丰收以及茧质优劣等问题。我们大队大部分生产队从1964年起将湖帚把改成伞形蔟和蜈蚣蔟，搭山棚，春期蔟中加温排湿，改善了结茧条件，解舒率达77.6%，较上年有显著的提高。近几年贯彻适熟稀上、注意蔟室通风排湿、多层上改单层上等技术措施，蔟中熟蚕损失减少，上茧率不断提高，茧质改善。为进一步开展上蔟的技术革新，1976年进行方格蔟的使用试验，成绩表明对提高上茧率、保证茧形匀整和茧色洁净、减少双宫茧等有很大的效果，为今后推广指出了方向。

三、为了使各个科学试验项目很好执行、先进技术得以贯彻，我们大队成立了科学试验小组，各生产队建立"二长三员制"（蚕桑队长、蚕室室长、饲养员、防病消毒员、桑叶管理员）相互配合，不断革新技术，提高技术水平。

蚕业生产季节性强，环节多，技术灵活，对外地经验和科学上的成就，"必须有分析有批判地学，不能盲目地学，不能一切照抄，机械搬运"。最好的办法就是开展科学试验。科学试验是在小面积内进行不同项目的对比试验，非但从试验结果可以分辨出技术有无推广价值，而且在试验过程中，首先摸索到性能和关键，能对大面积生产起到示范作用，经过改进、提高再行推广。即使试验不成功，也教育了大家，损失是最小的，所以它起到先遣队的作用。

从1964年起，我们大队陆续在养蚕法、蚕品种、消毒药剂、桑品种、桑树养成形式、激素使用、蔟型等方面开展了多种项目的科学试验。试验过程中，各生产队配备专人调查、记载，共同分析资料，形成了一支浩浩荡荡的科学试验队伍，科学试验小组及时反映新技术的贯彻情况，既有在普及基础上的提高，又有在提高指导下的普及。最近几年，大队又配合国家执行了蚕品种鉴定的试验项目，通过鉴定，不但为国家提供了完整的资料，加速新品种的推广，也使我们对新品种的性状及早地进行全面的认识。专、群结合，既使专业队伍有广泛、坚实的基础，又使群众性科学试验活动不断提高到新的水平，这种结合，正体现了社会主义科学事业的优越性。

为了加强科学试验工作，我们大队在 1968 年成立了科学试验小组，选派 4 名有一定文化水平、能刻苦钻研的青年作为科研试验员，组织并开展各项科学试验活动。本着勤俭创业的精神，逐年添置了适当的仪器设备，为向事物的深度和广度探索客观规律，积累了必要的创造条件。

本公社蚕室形式的演进①

海宁县钱塘江公社

在"以粮为纲，全面发展"的方针指引下，解放以来，我公社粮、畜、桑、油、麻获得全面发展。就蚕桑生产来说，自 1958 年人民公社成立以来，全年产茧量从 1628 担增长到 1976 年的 11652 担，亩产茧从 34 斤提高到 245 斤。随着蚕桑生产的大幅度发展，对一定蚕种饲养量，配备一定数量和质量的蚕室、蚕具，是保证贯彻科学养蚕各项技术措施和实现养蚕现代化的必要条件之一。十多年来，各生产队充分利用现有设备养蚕，并坚持自力更生的原则，发扬艰苦创业的精神，逐步地新建蚕室和贮桑室，为各期蚕吃饱、住好创造条件，对逐年获得蚕茧稳产、高产起到积极的作用。目前全公社 7 个大队共有集体砖木（钢筋水泥）结构蚕室 1511 间，较 1973 年增加 61%。1977 年春平均每间蚕室饲养蚕种 3 张，再加上社员民房补充作为部分大蚕室和上蔟室，还有多养蚕的潜力。但各大队和各生产队桑叶增产幅度不同，设备与饲养量不相适应，有待今后创造条件逐步扩建。

---

① 本文曾发表于 1978 年第 2 期《蚕桑通报》。

群众是真正的英雄，在新建蚕室的过程中，从实用、省工、省料、耐久等要求出发，自己设计，自己建造，有所创造，有所革新，不断把蚕室形式提高到新的水平。现在我们把蚕室建造的发展概况及各种形式的优缺点评价如下。

一、蚕室

1. 早在 1958 年以前，集体养蚕借用民房作蚕室，对结构较好的民房增开气窗，安装灰幔和老虎窗，便于透光、换气和保温，作为小蚕共育室，四五龄分发到普通民房饲养。以后进一步新建集体专用混墙草顶小蚕共育室。草房蚕室建造容易，投资少，适于小规模的饲养。上装灰幔，墙上开窗，室内石灰粉刷，同样能达到清洁、保温、透光和换气等技术要求；由于屋顶稻草厚、泥墙厚，对隔离太阳辐射热有良好效果，春期小蚕容易保温，夏秋期较凉爽，适于蚕的生长发育，实践也证明"茅屋出高产"。缺点是隔一年就要翻修一次，目前已少见。

2. 在生产向前进、集体资金不断加多积累的形势下，开始了砖木结构蚕室的建造。最早的形式为 1962 年起建造的简易蚕室，室内进深 6 米，宽 3.7 米通间，高 2.5～3 米。前后墙开窗，无小气窗或仅上方左右侧有小气窗，瓦顶，无灰幔，纸筋石灰直接涂在椽子之间，无走廊。这种形式的蚕室虽克服了草房蚕室常年翻修的缺点，但隔热差，室内温度变化大，夏秋炎热天气，日中室温显著升高，夜间降温慢，通风不良，对饲养大蚕和上蔟更不适宜，当时群众反映"洋房不如草房"，即指这种形式。目前这种蚕室都经拆建，已很少见了。但对小蚕饲养，加温和保温都较容易，也是优点。云龙十一队还保留一座，地面至灰幔高 2.5 米，每间蚕室深 5 米，宽 3.7 米，窗为 1 米 ×0.95 米，门为 2 米 ×1.6 米。近年在西南新建了固定凉棚，有助于改善室内环境（图 1）。

3. 当逐步加深了解到蚕室小气候对养蚕的重要性以后，1964 年起蚕室形式起了很大的改进：南面设外走廊 1.5 米，蚕室进深 7.5～8.5 米，南北墙开大窗，大窗上下左右四角开气窗，换气、透光和自然通风效果良好，室内设灰幔，高 3.2～3.5 米，每间宽 4.2～4.3 米，通间，适于两边搭梯形架放方匾，中间操作；泥地、三合土地或水泥地。灰幔内放菜子壳或芦竹叶，增加隔热性能。这种蚕室比较实用，目前还有不少保存着。如云龙五队1965年建的一座蚕室高3.4米，每间深8米，宽4米，外走廊宽2米，前后墙开窗1.55米×1.75米，小气窗0.3米×0.35米，门1.55米×2.8米（图2），目前更在走廊外新建了固定凉棚。

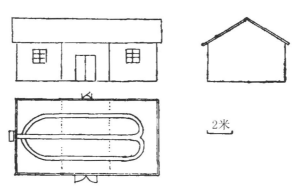

图 1 云龙十一队小蚕室形式
上：正面；下：平面，室内"地火龙"；上右：侧面

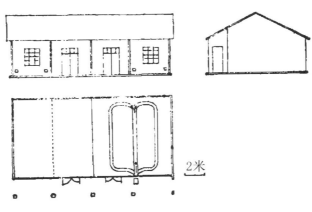

图 2：云龙五队蚕室形式
上：正面；下：平面"地火龙"；上右：侧面

4. 从1967年起，由上一种形式，把走廊加宽至3.5～4.5米而建造为固定瓦凉棚。其作用是减少南面太阳辐射热对蚕室温度的直接影响，如在

凉棚檐下挂草帘，更起到显著的隔热作用。秋期凉棚下气温 90 ℉时，室温 86 ℉。又在这样宽阔的凉棚下，可作为夜晚贮桑或雨天晾叶、安放蚕具、饲养员休息的地点，并可饲养大蚕和上蔟。固定凉棚投资不多而作用很大，目前除新造蚕室多数采用这种形式外，第 3 种形式的蚕室也纷纷拆去走廊改建了凉棚，全公社有固定瓦凉棚的蚕室已占总集体蚕室的 72%。和平七队 1971 年建造的蚕室在北面延伸屋檐作为外走廊，便于临空挂草帘，凉棚东端砌砖墙拱门，对防热更好，该座蚕室凉棚宽 3.65 米，室宽 3.8 米，深 10 米，高 3.5 米，北檐宽 1.6 米，前后墙开窗 1.55 米 ×1.75 米，小气窗 0.3 米 ×0.4 米（图 3）。

和平八队建造的蚕室凉棚宽 3.4 米，蚕室深 8 米，宽 3.8 米，高 3.2 米。东首 2 间地面挖深 0.6 米作贮桑室，贮桑室前面的凉棚做成套间，安放蚕具和作过道（图 4），第 2 和第 6 间南面开大门，前后墙开窗和小气窗，大小与和平七队相同。

通过实践认为这种形式的蚕室，以凉棚宽 4 米以上，两端砌墙设拱门，

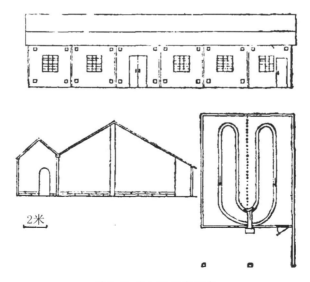

2米

图 3 和平七队蚕室形式
上：正面；下左：侧面；
下右：东 2 间室内“地火龙”平面

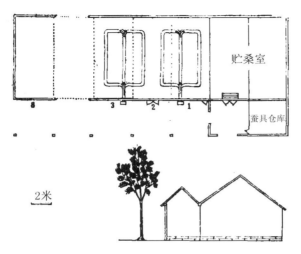

图 4 和平八队蚕室形式
上：平面；下：侧面

室内进深 8～9 米，后檐伸出 1.7 米比较理想，如果每间蚕室开 1 小门直通凉棚，则每间又可多放方匾 20 只。

云龙六队在 1975 年首先在我公社建造楼房蚕室，并与贮桑室、饲养员宿舍和厕所作统一布置，楼房上下蚕室深 10 米，宽 3.8 米，走廊宽 2 米，第 2、4、8、10 间开门 1.55 米 ×2.6 米，每间南、北墙开窗 1.6 米 ×1.75 米，四角小气窗 0.28 米 ×0.38 米，东首 5 间设"地火龙" 3 只，烟道从墙内（基建时设计好）直通屋顶，走廊宽 2.7 米。楼下蚕室走廊外天凉棚，辐射热容易进入蚕室而提高室内温度，因此，夏秋期仍在走廊外临时搭草凉棚以隔热（图 5）。

5. 双层凉棚的楼房蚕室是公社最新发展的一种形式，主要是从经济利用土地面积和饲养技术要求两方面来考虑的，云龙十五队于 1976 年起建造（图 6）。蚕室门窗和室内设置与第 4 种形式基本相同，不同处是南面凉棚各从楼房屋顶和中腰处伸出，形成上下两层交错，有利于隔热和换气，建筑牢固。第 2、4、6、8 间设门 1.45 米 ×2.7 米，南北窗 1.48 米 ×1.7 米，墙四角小气窗 0.35 米 ×0.42 米，走廊宽 1.4 米，凉棚宽 4.2 米。楼下蚕室每 2 间设"地火龙" 1 只，烟道通过南墙直通屋顶。

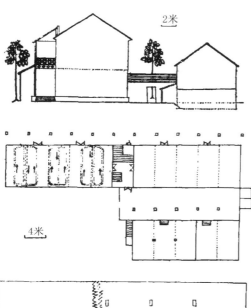

2米

4米

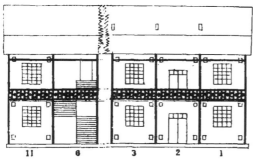

11　6　3　2　1

图 5　云龙六队楼房蚕室
上：蚕室和贮桑室相连侧面；中：
蚕室、贮桑室平面和蚕室"地火
龙"；下：蚕室正面 11 间缩影

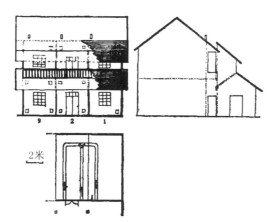

9　2　1

2米

图 6　云龙十五队楼房蚕室
上左：正面缩影，双层凉棚切剖；
上右：侧面；下：室内"地火龙"
设置

二、贮桑室

贮桑室是放置蚕粮的地方，它的重要性常常为大家所忽视。桑叶从地上采摘回来到给上蚕座这段时间内，必须保持新鲜，免受风吹干瘪和堆积蒸热的影响，为此，贮桑室要具备清洁、阴凉、密闭的条件。室内桑叶出清后，又要能迅速排除浊气。贮桑室的容量除应考虑正常气候下的用桑量外，还应在雨前多贮叶做好准备。以往，蚕到 5 龄分到民房饲养后，桑叶就在各户堂前堆放，桑叶变质和病原感染都较容易，可能招致大蚕发病、茧小、产量低、桑叶浪费。所以，我们从开始发展集体蚕室起就重视建造贮桑室。

目前各生产队贮桑室多数为泥墙、草房半地下室，墙厚约 0.5 米，墙上开小气窗或不开，上设灰幔或铺麻杆窗隔热，地面涂水泥或铺砖，每期蚕结束，把砖取出清洗。

少数贮桑室为砖墙瓦顶。

和平七队的草房贮桑室（图 7），墙高 1 米，地下挖深 0.45 米，室内宽 5 米，深 10 米，南北向，建造容易，并能达到阴凉、保湿的要求。

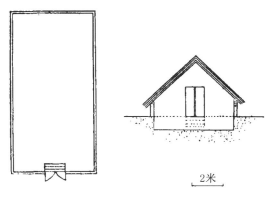

图 7 和平七队草房贮桑室
左：平面；右：正面

石井四队建造的为瓦房半地下室（图 8），深 7 米，宽 3.8 米，高 3 米，其中地下部分高 0.7 米，门北向，门外建有小凉棚，每间南北开窗。

云龙六队与楼房蚕室一起建造的贮桑室为楼房半地下室,上作饲养员宿舍,砖瓦水泥结构,凉棚宽 2 米,室内深 8 米,每间宽 3.8 米,高 2.5 米,其中地下部分 0.7 米,第 2、4 间设门 1.3×1.7 米,第 1、3、5 间南墙及北墙每间开横窗 1×0.78 米(图 9)。

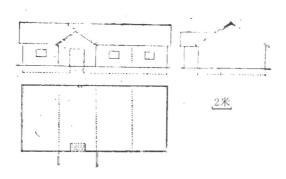

图 8 石井四队瓦房贮桑室
上左:北正面;上右:侧面;
下:平面

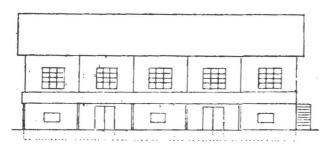

图 9 云龙六队贮桑室正面(侧面和平面图参见图 5)

云龙十五队的贮桑室建造在楼房蚕室的东首,为便于楼上蚕室的用叶,第二层亦作为贮桑室,第三层作为饲养员宿舍。底层贮桑室地下挖沟 0.85 米,走廊 1.6 米,进深 8 米,高 3 米,南墙开大门 1.5 米 ×1.8 米,小门 0.83 米 ×1.8 米,窗 1 米 ×0.9 米。楼上贮桑每间设门窗,利用原有设备,门 0.85 米 ×2 米,窗 1×1.2 米(图 10)。

从近几年本公社建造蚕室的速度来看,还跟不上生产发展的要求,突出的表现在贮桑室不足和小蚕专用蚕室不理想。小蚕室的技术要求主要是保温、保湿和隔离病原,目前从大蚕室用塑料薄膜隔成的炕房,空间太大,燃料浪费,对保持叶质新鲜也带来不少困难,为了适应多次养蚕的需要和适于本地区饲养量大的情况，今后应当考虑专用的结构，初步设想，小蚕室兼用作贮桑室是可行的，即建造高约 2.1 米的半地下室，灰幔、水泥地，前后墙开小窗。临时安装电气加温补湿设备，蚕架或蚕台各层间加密，增加饲养量。3 龄饷食后取出，室内冲洗消毒后作大蚕贮桑室。

图 10 云龙十五队楼房贮桑室和宿舍
左：正面（左侧与蚕室相接）；右：侧面

云龙大队蚕桑机电化设计和协作座谈会[①]（摘要）

一、到会代表发言简报（云龙大队朱芝明）

在这将近 20 年的时间里，我们逐步对农业生产上的一些机电设备进行了装备，不断促进了生产的发展，但蚕桑生产应用机械还不多，劳动力花费多，劳动强度大，劳力使用集中，与农业生产之间产生争劳力的矛盾。以春季来说，全大队有 1200 亩水稻要插秧，1800 亩春粮要收割，1000 亩油菜要割，1700 亩黄麻要大破荒草关，1000 张春蚕要饲养，640 亩桑园要普遍施上一次追肥，7000 担桑条皮要剥皮，这些工作都要在 5 月 10 日至 6 月 15 日之内完成。全大队有劳力 1600 多个，平均每人每天要劳动 20 小时才能正常完成。尽管全体社员日夜苦战，但劳动力紧张的矛盾还是没有办法解决，因而出现了误农时季节的现象，例如，早稻迟插，出现带胎种，

① 本文曾发表于 1978 年第 3 期《蚕桑通报》。

出小穗，蚕吃桑叶跟不上，造成蚕饥饿，捉熟蚕上山混乱，络麻根本谈不上精耕细作。

早秋蚕期的劳力矛盾同样很突出，那时气温高，桑叶易干瘪，需要傍晚采叶以保证桑叶质量好，而晚稻插秧也要求在傍晚插。往往是好了桑叶坏了苗，高了蚕茧低了稻。

到了中秋蚕期，全大队有 1700 多亩络麻要一根一根地剥，一万担桑叶要一张一张地采，200 亩油菜秧和 500 亩蔬菜要扩种，因此劳力又是紧上加紧，在那时尽管吃饭拿到田里，白天黑夜田间不脱人也没有办法做好。

二、会议纪要（海宁县科技局）

在省、地、县行政，生产、科研、教育部门和江苏省蚕业研究所的重视和支持下，海宁县科技局于 3 月 7 至 11 日邀请省内外有关单位在云龙大队召开了蚕桑机电化设计和协作座谈会。到会的有来自浙江、江苏、广东、辽宁、云南、安徽等省的有关科研机构、大专院校、蚕种场、人民公社、工厂和业务主管部门 39 个单位的代表，共 58 人。会上，中共海宁县委副书记李锦松同志到会并讲了话。云龙大队党支部介绍了该大队的基本情况和蚕桑机电化打算，江苏省蚕业研究所和浙江省农业科学研究院蚕桑研究所的代表介绍了国内外蚕桑机械化的概况，各兄弟单位代表介绍了本单位试制蚕桑机具的性能和今后的科研打算，一致认为这是一次把古老的蚕桑生产推向现代化生产的誓师大会。通过会议，把海宁县以至全省重点兄弟县蚕桑机电化设计试制的力量团结起来了。到会代表通过五天的学习、讨论和参观，一致表示愿为蚕桑生产机电化贡献一切力量，愿为在云龙大队首先实现机电化而努力。

会议讨论了从云龙大队看全国主要蚕桑区实现蚕桑机电化的迫切性。云龙大队是一个粮、油、麻、丝多种经营地区，近年来农业生产和蚕桑生产都有了较大的发展，1977 年粮食平均亩产 1839 斤，蚕茧亩桑产茧连续 6 年超过 300 斤，1977 年达到 358.6 斤，成为全国蚕桑高产单位之一。但是该大队目前的农业机械化水平不高，蚕桑机械化更是薄弱，劳动生产率较低。据统计，近年日本每生产 100 公斤蚕茧所需劳动时间为 250 小时，而云龙大队则需 960 小时。由于劳动生产率低，每到春、夏、秋农忙季节，农业生产与蚕桑生产之间争劳力的矛盾就非常突出，误农时、脱季节的现象不断发展，阻碍了进一步向生产的深度和广度进军。因此，在加速实现农业机械化的进程中，如何尽快地把蚕桑机电化搞上去，以进一步提高农业和蚕桑的产量，已尖锐地摆在云龙大队面前，这也是战斗在蚕桑战线上和其他有关行业的同志们所迫切需要解决的重大课题。

会议通过讨论，对以下几个方面的问题提高了认识，并取得了一致的意见。

（一）蚕桑机电化是农业机械化的重要组成部分。全国第三次农业机械化会议确定全党动员，决战三年，基本上实现农业机械化的具体部署。若干年来，主管领导机关、科研单位、大专院校、蚕种场和农机厂等有关部门，重视对蚕桑机械化的领导和研制，排除各种干扰，做出了一定的成绩，蚕桑机械从无到有，已摆脱了空白的面貌，但还远远赶不上形势的要求，建议省、地、县各级迅速建立以科技、农业和机械领导部门为主体的班子，领导和推动蚕桑机械化的进展。

（二）考虑到蚕桑生产工种繁多、季节性强及动力供应等问题，蚕桑生产机电化及机具的设计和试制，必须注意以下几个问题：

1. 桑园建设应纳入农田基本建设之中，逐步改变现有分散面貌，要求沿河边集中成片成带栽植，适应机械操作。桑园为使用机械以大幅度提高劳动生产力，要求一架多挂，一机多能。对桑园主要工种，要充分利用原有动力或确定主要动力，做好配件配套工作。为此，对桑园高产的栽植和养成形式必须进行科学研究。

2. 机械化必须在促使高产、更高产的前提下进行设计。对云龙大队目前的桑园，在缺少适当机型的情况下，应以研制和推广减轻劳动强度和减少劳动力的机具为主要任务，如引用伐条的大剪刀、动力剪、采叶刀、秋叶采摘器、3 ～ 5 马力的中耕机、肥料深施器等。喷灌推广进度可以加快，并应发挥一机多用，如用于蚕室蚕具的洗涤、喷石灰浆消毒、夏天蚕室降温、桑园根外施肥等。春季伐条和秋叶采摘的机具急需解决，当前应作为科研重点突破项目。

3. 养蚕机电化，要求在三年内打好基础，即小蚕 1～3 龄全大队共育，共育室专用并要装有电子控制的蒸汽和电气加温、降温、补湿、通风、采风、灭菌设备、机械切桑，并逐步达到机械给桑。大蚕 4～5 龄采用条桑饲养，设计饲育架和简易蚕室。上蔟用回转方格蔟，设计机械或工具采茧器。

4. 简化蚕桑生产工序，使机械化和科学化紧密结合起来，对不适于机械化的工种，应从蚕桑生产体制上加以变革，以适应高度机械化的要求。

（三）蚕桑机电化的发展，不但促使本身走上现代化的行列，且又可节省大量劳动力支援农业生产，机械化的进行必须工农部门共同配合。为此，要求各方面通力协作，共解难题，会议建议：

1. 为加强和保证云龙大队蚕桑机电化设计的领导和执行，要求列为全省重大科学研究项目计划，并建议由省农业局或浙江省农科院蚕桑研究所主持。

2. 要求省农业局加强对云龙大队蚕桑机电化的领导和支持，要求江苏省蚕业研究所、江苏省苏州蚕桑专科学校、浙江省农业科学研究院蚕桑研究所、省机械研究所、嘉兴地区农业机械研究所、农业（蚕桑）科学研究所对云龙大队蚕桑机电化进行协作设计和指导。

3. 海宁县有关农机厂在县委的领导和科技、农林、水机、各工业主管局的统一安排下，根据技术和设备力量，分担蚕桑机具的设计和试制项目，列为科研或生产任务，随时提供试制产品交由云龙大队试用或推广。

4. 到会的科研单位、农业蚕桑院校和兄弟地县农机厂试制的蚕桑机具，请及时与海宁县科技局或云龙大队联系，提供试验。并希望对适于云龙大队应用的机具，给予试制和改进上的方便。

5. 科研项目主持单位每年召开 1～2 次协作会议，交流经验，检查进度，鉴定成果，加速机具配套，及时推广。

（四）云龙大队对蚕桑机电化的实施，应有必要的思想准备和组织措施。机械的试用往往不可能十全十美，因此，大队必须教育社员热心机电化，排除来自各方面的思想障碍。凡可代替手工操作且能提高劳动生产率和减轻劳动强度的机具，统统使用起来，在使用中不断改进。机电化的基础立足于大队，因此，大队要在农科队中建立蚕桑机电化科学试验小组，划出一定面积的土地为试验基地，与有关单位密切配合设计和试制。在科学试验中熟悉机械设备的性能，管好、用好、修好、改进好各种机具，充分发挥机械性能。

《东南蚕桑文化》（节选）[①]

顾希佳

节选一

说说育桑的生产工具，以笔者在海宁县钱塘江乡云龙村的调查为例，主要有：

桑剪：剪枝条用的大剪刀。

桑梯：四脚，可两面撑开，在平地独立支撑。

垦地铁耙：垦冻地，掘粪潭浇肥时用。

摊地铁耙：将地摊平，埋粪潭时用。

提沟铁耙：从地里提上土来，以疏通桑园中的地沟时用。

刮子：即锄头。除草、松土用。

桑锯：修整桑枝用。

粪桶、粪料子：施粪肥用的木桶、勺子。

扁担：挑粪桶用。

过去桑园里害虫的天敌很多，如啄木鸟、白眼鸟、"黄豆子"、黄春、麻雀等鸟类随处可见，所以害虫一般并不太多。发现害虫一般都用手工捕

① 顾希佳.东南蚕桑文化[M].北京：中国民间文艺出版社，1991.

捉。在海宁农村，有在每棵桑树的树根边都种上一棵韭菜的习俗，据说可以防蛀虫。新中国成立后则一般采用农药除虫。

节选二

蚕室、蚕具及一般养蚕过程：

叶刀：比常用的菜刀稍薄，甚锋利，专门用来切桑叶饲育小蚕。

叶墩头：用精选的稻草芯扎紧，两边切齐如墩头形状。切桑叶时没有响声，不至于惊动小蚕。

鹅毛：掸乌蚁（指刚孵出的幼蚕）用。

蚕筷：竹筷，比吃饭的筷大，头尖，用以夹蚕。

蚕笾：竹编的小簟，亦称筐，圆形，浅口有缘，底部成网眼状。养蚕前用绵纸糊实用以养小蚕。头眠后，蚕体渐大，换用小蚕匾。蚕笾直径两尺左右。

小蚕匾：竹编的匾，直径一公尺。底部无网眼，头眠后养小蚕用。

大蚕匾：出火以后用以养大蚕，直径一公尺半。大小蚕匾均有方、圆两种。

小蚕植：三脚木架，放小蚕匾用。

大蚕植：同上，稍大，放大蚕匾用。一般十层，至少九层；最多十三层。

蚕网：换蚕沙（即蚕粪渣）用。

叶篓：装桑叶用的竹筐，俗称发篓。用绳子束在腰间，高 40 公分，上圆口径 35 公分，下底圆口径 20 公分。

叶箸：装桑叶用的大竹筐，长圆柱体，亦用以装茧子。上口可系麻绳供挑扁担用。高 90 公分，上圆口径 65 公分，下底圆口径 50 公分。

藤镶边：小型盛器，形状似脸盆。全部用藤条（柳条、笆斗藤一类）编成，密缝，水迹仍可流出。专用于盛放切细的嫩桑叶，也用来捉熟蚕上蔟。直径 40 公分，高 10～15 公分。近年来已改用一般的淘箩、蒸篷、脸盆代替。

火缸：养小蚕时室内加温用。黄砂泥陶器，底部无孔，上圆口径 50 公分，下底口径 20 公分，高 30 公分。届时放柴炭、砻糠、木屑等物，使之逐渐燃烧。

炭盆：比火缸小，中有夹层，出5个小孔，底部有洞可通风，似煤球炉。一般置炭燃烧。高10公分，圆径15公分左右。

火钳：夹炭火用。

山棚竹：淡竹竹竿，蚕上蔟时搭山棚用。

蚕凳脚：三只脚可以活动收放的小木凳，一般用杉木做成。搭山棚用。

搭山木：杉木条，长短与蚕房开阔相仿，搭山棚用。

芦帘：一般为芦苇杆编织而成，搭山棚用。也可在蚕室外面作门帘、窗帘和走廊遮荫用。

蚕蔟：梳理干净的稻草割去顶端细嫩部分，中间束紧旋转成形，竖立在山棚上，供蚕上蔟用，俗称湖州把（禾帚把）。高50公分，上圆口径35公分，下圆口径28公分。熟蚕则置放在蚕蔟的上半部。

棚荐：稻草为纬，细绳为经，编织成帘子形状，挂在门窗上遮风挡荫。也有用细竹杆在蚕室外围竖起若干根，然后挂上棚荐似屏风，用以遮风挡阴。

节选三

在海宁，习惯在廊下围上草帘子，隔一段就在帘上插一根桃树枝，表示蚕禁。亲邻遂不往来，只可在河埠头洗东西时相互交谈。

有一些治蚕病的土方子。在海宁钱塘江乡，发现白肚病，俗称"淡娘"，就泡些盐汤泼在桑叶上让病蚕吃。据说这是用盐来"冲淡"。

节选四

养一期蚕的全过程，大致是这样的（仍以笔者在海宁县钱塘江乡云龙村的调查为例）：

1. 浴种、暖种：清明前夕，将蚕种纸在盐水中稍微浸润一下，随即揩干，包在棉纸里，俗称浴种。然后就将蚕种焐在胸口，或焐在被窝里，焐三四天，俗称暖种，即进入孵化。

2. 孵化：将蚕种纸展开，放在蚕匾里，底下燃炭盆适度加温，四周用布幔围住遮风，过一夜。

3. 收蚁：乌蚁孵化时，采嫩桑叶切细，将野蔷薇花叶焙燥揉细拌入，然后一并撒在蚕种纸上，乌蚁嗅到香气，纷纷爬上叶面。过一二小时即可用鹅毛将乌蚁掸入蚕笾内，开始喂养。这个阶段要燃炭盆增加室温。

4. 头眠：从乌蚁孵化起，约三天三夜，称为一龄期，蚕进入休眠，称"头眠"。体眠状态的蚕称为"眠头"。眠一昼夜左右，蚕儿醒过来，称为"起娘"。

5. 二眠：蚕醒来吃桑叶，又过了三天三夜（称为二龄期），蚕再度休眠，眠一昼夜。

6. 出火：即三眠。在二眠起之后，蚕再过三四天，又一次进入休眠，此时蚕体渐大，气温渐暖，一般都取消炭盆，故称之为"出火"。当地有"捉眠头"的习俗，将眠头捉出来秤一秤，分别放入大蚕匾。每只大蚕匾一般放 4 斤眠头。如果这时的 1 斤出火眠头将来能平均收 8 斤茧子的话，则称为"蚕花八分"，这就是当地正常年景蚕茧收成的标准。如果产 10 斤茧子，已是大丰收了，俗称"蚕花十分"。至于当地人用来相互祝颂的俗语"蚕花廿四分"，就是希望 1 斤出火眠头能平均收获 24 斤茧子，那自然只是一种良好的祝愿而已，在当年是达不到的。

7. 大眠：出火之后，再喂养四五天（称四龄期），蚕进入第四次休眠，俗称"大眠"。眠期一昼夜半到二昼夜。这时还要捉一次眠头，再次分匾。眠起后，称"大眠开爽"，蚕进入食叶最盛阶段，称"饷食"。连喂七八天。这时蚕体渐趋成熟，通身晶莹，似同透明，开始不食亦不眠，称为"缭娘"，其实是在酝酿着吐丝，接下去就要上蔟了。

8. 上蔟：俗称"上山"，即将熟蚕捉到蚕蔟上去，让它吐丝结茧。当地习俗，一定要见了熟蚕，方可搭山棚。如果蚕未熟就预先搭好山棚等着上山，则被称为"搭空山头""扎空禾寻把"，是不吉利的。顺便说一句，吴语中的"搭空山头"的本义，就是从这儿产生的。搭山棚的人不许赤膊、赤脚。据说赤膊茧是低产的；赤脚就是"无收成"，都不吉利，为蚕农心理上所无法接受。搭山棚、插禾寻把的人是不可轻易下凳休息的，要一口气上好，称为"压山"，大概也是为了某种象征意义吧。

9. 加山火：上山后，在山棚底下架炭盆，适当加温，加速结茧，俗称“擦火”“妁山”。一般二昼夜后，已经看不见蚕体，可以取消炭盆了。俗传此时有一种小鸟，不断呼叫“灼山看火”，似乎在提醒蚕农注意火种，防止酿成事故。

10. 采茧：上山后五六天，即可采摘茧子，称为“晾山”“回山”。全家老少一起参与，将茧子从蚕蔟上摘下，分等级盛放，把次茧、坏茧剔出，然后准备下一步的缫丝或售茧。一般的养蚕生产过程则基本结束。

以上所述，是春蚕的时间顺序。夏秋蚕只是季节有差异，步骤是大致相同的。

云龙村蚕桑生产民俗考察报告①

祝浩新　沈民强　王国良　浙江省海宁市文化馆

一、云龙村概况

周王庙镇云龙村，地处海宁市西南，全村区域面积 3.7 平方公里，水道长度约 15 公里，耕地面积 4000 亩，桑园面积 1500 亩，上塘河为主要航道贯穿云龙村北部。现辖 16 个组，到 2006 年年底计有 923 户、3528 人。该村地处良渚文化带，根据相关记载推测，在距今 6000—7000 年前的新石器时代，可能已有人类繁衍生息。海宁于三国吴黄武二年（223）建制盐官县，之后一直到抗日战争前夕，县城一直在盐官镇，而云龙村地处盐官镇以西 5 公里处，西北与海宁西部重镇长安镇接壤。清雍正六年奉行都庄制度，云龙属三都二庄、三庄、六庄和八庄；民国十七年实行自治时为汪店村，民国二十一年改汪店乡；民国二十三年实行保甲制，为长安镇一保、二保。1959 年建云龙大队，属钱塘江公社。2001 年，钱塘江、周王庙两镇合并，

① 引自：王恬主编．守卫与弘扬·第二届江南民间文化保护与发展（嘉兴海盐）论坛论文集 [M]. 北京：大众文艺出版社，2008.

云龙村隶属周王庙镇。该村属亚热带季风气候，往南过胡斗村即到钱塘江，气温也受到钱塘江水系的影响。

云龙村何时开始有蚕桑生产目前缺乏翔实的资料考证，但是根据该村老年人回忆，清末以降，该村一直是海宁的重点蚕桑产区。解放后，该村成为浙农大、浙江省农业厅农科院、特产局的蚕桑生产基地。在专家指导下，蚕桑技术得到很大提高。

二、关于云龙村蚕桑生产民俗的说明

（一）蚕桑生产民俗的基础

1. 蚕室、蚕具和养蚕的一般过程

（1）蚕室：过去，一般都是在自己家中养蚕。在养蚕季节，除了厨房和卧室，家中其他地方都尽可能地腾出来养蚕。养蚕前，要打扫养蚕场所。20个世纪50—70年代，由于经济所有制形式的变化，实行集体养蚕，一般在每个生产队都建起了专门的蚕室，称为共育室。80年代开始，农村改革，蚕室又重新回到各家各户，但在初期，因为小蚕的饲养要求较高，云龙村部分地区仍有共育习惯，开始时是以生产组为单位，后来也有若干户人家合作、由经验丰富的蚕农饲养小蚕的。

（2）蚕具。20世纪80年代末，顾希佳先生曾在云龙村调查，兹抄录他在《东南蚕桑文化》一书中以云龙村调查为蓝本所列蚕具并附说明。

叶刀：比常用菜刀稍薄，甚锋利，专门用来切桑叶饲育小蚕。云龙村蚕农所使用的叶刀，在20世纪多系盐官或当时的钱塘江刀具厂所产。

叶墩头：用精选的稻草芯扎紧，两边切齐如墩头形状。切桑叶时没有响声，不至于惊动小蚕。叶刀和叶墩头现在云龙村多数农户不再使用，仅有少量遗存。

鹅毛：掸乌蚁（刚孵出的幼蚕）用，自清末到现在一直在使用。

蚕筷：竹筷，比吃饭用的筷大，头尖，用以夹蚕。过去是用来夹出整批上山前还需要继续吃桑叶的"青头"和不会做茧子的"亮头"，后来浙江农科院和浙农大专家在云龙村提出的一天一扩的技术，也使用蚕筷。目

213

前蚕农很多不再使用传统的蚕筷。

蚕筛：一般称"蚕箪"，圆形，浅口有缘，底部成网眼状。养蚕前用棉纸糊实用以养小蚕。直径约二尺。头眠后，蚕体渐大，改用蚕匾。不养蚕的时候，可作筛子用。

小蚕匾：竹编的匾，直径约一公尺。底部无网眼，头眠后养小蚕用。

大蚕匾：过去在出火以后用以养大蚕，直径约一公尺半。近年来因为农村劳动力结构的变化，在家养蚕的常常是单个的老人，因此养大蚕也使用小蚕匾，大蚕匾已较少见到。过去大小蚕匾均有方、圆两种。现在基本都使用方形小蚕匾。

蚕植：三角木架，放蚕匾用。也有竹制的。

蚕架：在蚕室内自行搭建，作用类似蚕植。

蚕网：新中国成立后开始使用，换蚕沙（即蚕粪渣）用。有小蚕网和大蚕网之分。材质上有尼龙的、草绳的，等等。

叶篓：装桑叶用的竹筐。用绳子束在腰间采摘桑叶用。高40公分，上圆口径35公分，下底圆口径20公分。现在已较少见。

叶篰：又称"桑篰"，装桑叶用的大竹筐，亦用于装茧子。长圆柱体，上口可系麻绳供挑扁担用。高90公分，上圆口径65公分，下底圆口径50公分。另有小桑篰。

藤镶边：小型盛器，用以盛放切细的嫩桑叶，现已废弃。

火缸：养小蚕时室内加温用。黄沙泥陶器，底部无孔，上圆口径50公分，下底圆口径20公分，高30公分。届时放柴炭、砻糠、木屑等物，使之逐渐燃烧。现已废弃，而改用柴油桶代替。

炭盆：比火缸小，中有夹层，出5个小孔，底部有洞可通风，似煤球炉，一般置炭燃烧。高10公分，圆径15公分左右。目前已废弃不用。

火钳：夹炭火用。

山棚竹：淡竹竹竿，蚕上蔟时搭山棚用。

蚕凳脚：三只脚可以活动收放的小木凳，一般用杉木做成，搭山棚用。

搭山木：杉木条，长短与蚕房开阔相仿，搭山棚用。

芦帘：一般为芦苇、芦竹杆编织而成。可置于蚕架上代替蚕匾养蚕，也用于搭山棚，还可置于蚕室外作门帘、窗帘和走廊遮荫用。

蚕蔟：梳理干净的稻草刈去顶端细嫩部分，中间束紧旋转成形，坚立在山棚上，供蚕上蔟用。俗称湖州把（禾帚把）。在使用禾帚把以前，云龙村使用的上蔟工具叫"把子柴"。现在该工具仍在使用中，另外有大量农户使用硬纸板方格和上山蚕网。

棚荐：稻草为纬，细绳为经，编织成帘子形状，挂在门窗上遮风挡荫。现已废弃。

（3）养蚕的一般过程和相关习俗。20世纪30年代以前，云龙民间养蚕是当地土种。30年代开始，由政府办的蚕种场提供蚕种。但当时养蚕是以养春蚕为主，部分农户用春蚕收获的茧子自制土种饲养夏蚕。从1955年起，一年开始有五期蚕：春蚕、夏蚕、早秋蚕、中秋蚕和晚秋蚕。养一期蚕的过程，《东南蚕桑文化》中有介绍：

①浴种暖种：将蚕种纸在盐水中稍微浸润一下，随即揸干，包在棉纸里，俗称浴种。也有在面桶里放上石灰水，用夏布（一种麻质织品）包裹蚕种，在里面浸一下，称为"浴蚕种"。过去，蚕娘把蚕种放在被子里，甚或放在自己胸口，用自身体温来孵化小蚕。这一过程现在已省略。

②孵化：将蚕种纸展开，放在蚕筛里，孵春蚕或晚秋蚕时，需要适度加温，四周用布幔围住遮风，不能见光，过一夜。这个过程也有补催青的作用。

③收蚁：乌蚁孵化时，采嫩桑叶切细，过去将野蔷薇花叶焙燥揉细拌入，然后一并撒在蚕种纸上，乌蚁闻到香气，纷纷爬上叶面。过一二小时即可用鹅毛将乌蚁掸入蚕筛内，开始喂养。现在已不用野蔷薇花叶。在气温较低的春秋两季，仍需给室内加温。

④头眠：从乌蚁孵化起，约三天三夜，新中国成立后称为一龄期，蚕进入休眠，称"头眠"。休眠状态的蚕称为"眠头"。眠一昼夜左右，蚕

醒过来，称为"起娘"。

⑤二眠：蚕醒过来吃桑叶，又过了三天三夜（称为二龄期），再度休眠，眠一昼夜。

⑥出火，即三眠。在二眠起之后，蚕再过三四天，又一次进入休眠，此时蚕体渐大、气温渐暖（以春蚕来说），一般都不再加温，故称"出火"。云龙当地过去有"捉眠头"的习俗，即把眠头捉出来称一称，分别放入大蚕匾。每只大蚕匾一般放 4 斤眠头。如果这时的一斤出火眠头将来能平均收 8 斤茧子的话，则称为"蚕花八分"。这就是当年当地正常年景蚕茧收成的标准。

⑦大眠：出火之后，再喂养四五天（称四龄期），蚕进入第四次休眠，俗称"大眠"。眠期一昼夜半到二昼夜。这时还要捉一次眠头，再次分匾。不过捉眠头的习俗现在已不流行。眠起后，称"大眠开爽"，蚕进入食叶最盛阶段，称"饷食"。连喂七八天。这时蚕体渐趋成熟，通身晶莹，似同透明，开始不食亦不眠，称为"缭娘"，其实是在酝酿着吐丝。

⑧上蔟：俗称"上山"，即将熟蚕捉到蚕蔟上去，让他们吐丝结茧。当地习俗，一定要见了熟蚕，方可搭山棚。如果蚕未熟就搭，则被称为"搭空山头""扎空禾帚把"，是不吉利的。

2. 蚕桑生产的特殊地位和大致历史。云龙村村民中，流传有"蚕熟半年粮"的谚语。这说明，在农业社会，种桑养蚕是本地村民的主要收入来源，因此才对蚕茧的丰收寄托了无限的期望，形成了丰富多彩的民俗。清末至民国时期，云龙村民所养的蚕是当地土种，由自己采茧后孵化出蚕的幼虫。这些土种有些能结出绿色、黄色等各种颜色的茧子。抗日战争期间，日本人不收茧子，长安镇当时有浙丝一厂，但是村民害怕日本驻军，于是一部分人家开始自己缫丝，多数人家则不养蚕，桑园也遭到破坏；至 1950 年海宁解放初期，全村有 640 亩桑园，仅收 190 担茧子。在抗战期间，有云龙人逃难至云南，将云龙较为先进的养蚕技术带至云南，并改良了蚕的品种。新中国成立后，这些改良种又流回云龙。之后，蚕种得到不断改良，养蚕技术也不断提高。

但是，我们没有发现目前尚有遗留的丝车。不过在海宁盐官江南民俗馆里陈列的一辆丝车，应与当年的丝车类似。据朱珠明先生回忆，当年的丝车多数为檀木制作，比八仙桌略小，有四只脚、一根轴和两个眼。民间制土丝，首先是将茧子烧熟、剥掉茧黄，放到丝车里，边烧边缫。丝车内侧有行灶。一般七到八个茧子穿一眼（称为一盏）。缫丝时把丝车上的两个眼都穿上。缫丝筷类似一只手的形状，放在锅里搅，不让丝断掉。如果某个茧子已抽到只剩下蚕蛹了，就再甩一个上去。民间土丝车一般能缫出10多公分阔的两板丝。行灶后置一炭瓦条，将灶中柴火抄出到那里，用于将刚缫出的丝烘干。

3. 蚕桑生产民俗的时间区间。目前所考证的蚕桑生产民俗，集中在春节至清明后春蚕饲养期间。这是因为，在抗日战争以前，本地只养两熟蚕，最主要的是清明之后饲养的春蚕，之后有一小部分农户会用春茧中钻出的蛾孵化蚕种，继续饲养一熟夏蚕，但在数量上则远远逊色于春蚕了。现在，村民则可饲养春蚕、夏蚕、早秋蚕、中秋蚕、晚秋蚕五熟。其中，以春蚕和中秋蚕为主。

（二）蚕桑生产民俗的表现

1. 蚕神信仰。目前的云龙村村民，大多知道"马鸣王菩萨""马头娘娘"等蚕神称号，但多数已不能确切地说出关于马鸣王菩萨的来历。考诸典籍，该则故事最早被记载于东晋海宁人干宝的《搜神记》，即蚕为女子裹马皮所化。在海宁一带流传的故事是：古代两小国打仗，不分输赢，于是其中一个国王下旨：谁能把敌人击退，就把公主许配给他。结果一匹白马浑身捆满刀剑，浴血冲杀，士兵们乘胜追击，打赢了敌人。国王不理白马，白马记挂着公主的事，日夜乱叫乱踢，国王下令斩杀白马，把马皮晾在竹竿上。马皮突然飞了下来，把公主裹了起来，腾空飞去，一直飞到东阳、义乌那边，落在一株桑树上。过了三日，马皮里长出了蚕。因此蚕的祖宗，就是白马和公主。蚕农为了蚕花丰收，就把蚕祖宗叫作"马鸣王菩萨"，并且挂上画像，画上一个女人骑着一匹白马，用来纪念他们。这个故事的情节与《搜神记》卷十四所载大同小异，唯结尾将此作为蚕的起始，而《搜神记》则载："后经数日，得于大树枝间，女及马皮尽化为蚕，而绩于树上。其茧纶理厚大，异于常蚕。邻妇取而养之，其收数倍。"

尽管故事本身可能已被逐渐淡忘，但民间对于马鸣王菩萨的祭祀却未间断，称为"请蚕花"。据村中老人回忆，过去以腊月十二为蚕神生日，在这一天进行祭祀，但民国以后逐渐淡化。另外在春节、清明、"看蚕"前、茧子采摘后，都要"请蚕花"。现在，"请蚕花"一般在春节和清明，往往与祭祀土地等连在一起。在民国时期，有马鸣王菩萨的纸画像，往往是当时外来求乞的来将画像贴在村民门上。目前的"请蚕花"一般不用贴蚕神画像。民国时期，"请蚕花"已使用鸡鸭鱼肉，不过从当地流传的蚕花歌词"马鸣王菩萨净吃素，叫得（即只要）千张豆腐干"来看，过去"请蚕神"应是用几个蔬菜，如千张、豆腐干等，点上蜡烛供奉，并跪拜。"请蚕花"时桌上有"蚕花盘"，盘上放三件宝，即蚕种、铜钿、蚕花毛，铜钿是24枚，象征"蚕花廿四分"。现在随着生活水平的提高，也用荤菜搭配。并且这一习俗的生存空间正在被压缩，民间"请蚕花"的数量逐年下降，同时蚕花盘内的东西也不再特别讲究，一般已看不到放24枚铜钿的了。

在嘉兴地区，关于"马鸣王菩萨"的其他称呼，除了"蚕花娘娘"外，其他如"蚕丝仙姑、蚕皇老太"等，在云龙村少有听闻。云龙民间一般把"请蚕花"称为"请蚕花五圣"，但不能确知是哪五圣，有的老人认为，"五圣"是指蚕神排行第五。

有的学者认为，马头娘娘和蚕花五圣是两个不同的蚕神，蚕花五圣为男性，其形象有三眼六手，中间一眼为纵目，是蜀地（四川）蚕丛氏青衣神的神话流传蜕变而成，将他们混为一谈，是民间信仰混淆的表现。但是，冯旭文先生从湖州"五圣堂"的建立及马加娘娘（即朱元璋的皇后）的地位，推测蚕花五圣就是马头娘娘。①不过云龙村所称的"蚕花五圣"是否与此相关，尚没有可以定论的证据。据演过蚕花戏的海宁皮影戏传承人徐二男先生说，蚕花五圣是五个神，姓徐，分别名为金、银、玉、宝、贵，但是我们没有找到更为确切的证据来对此加以佐证。

2. 由蚕神信仰衍生的民俗。

（1）演蚕花戏。过往，"看蚕"看得特别不好、茧产量很低的人家，或者"看蚕"看得特别好、茧产量很高的人家，都会出钱请一个"羊皮戏"班子，到自己家的堂屋里，来演"蚕花戏"。蚕花戏的开头结尾的唱词，都与养蚕有关，如"蚕神到，生意好""蚕神踢踢脚，银子塞边角；蚕神砸砸头，银子造高楼""蚕神朝东，生意兴隆；蚕神朝西，买田买地（解放后改为'生儿育女'）；蚕神朝南，银子就来；蚕神朝北，发财发福"。"演蚕花戏"一般是主人家出钱，乡亲邻里都来观看，中间的正本戏还是海宁皮影戏的正本剧目。过去，在现在云龙村一组的位置，有陈安寺，每逢二月初八有庙会，这个日子与海宁袁花黄冈"轧太平"蚕花庙会的日子重合，在春节过后、春蚕饲养前，庙会上也有皮影戏演出，演出前后，也会唱一些祈愿蚕花丰收的讨口彩的词句。但这个庙会本身不是以蚕花为主体的。

（2）婚丧嫁娶习俗中的蚕花祈望。①婚俗中的蚕。在云龙村，因为蚕桑生产的重要性，和海宁其他地区一样，当地的姑娘都是"蚕花姑娘"，过去，在姑娘结婚的时候，嫁妆中必备"桑条火铁棒"，"桑条"是指两根野桑树的枝条，用染红的丝绵（当地称为"挨子"）捆扎好，火铁棒是蚕室加温时调节火缸的温度时用的，是一根前端有开叉的铁棒。这些嫁妆寄寓了祈望到娘家后看好蚕的祝福。姑娘出嫁后的第一年，娘家要根据夫家邻里亲戚的数量，裹一担"蚕讯粽"，在春蚕上山之前，挑到夫家来"望蚕讯"，即看看姑娘的蚕养得好不好。粽子装在两个木盘里，每个盘都用染红的"挨子"套牢。粽子的形状是尖角的，内馅为一个或半个红枣。夫

---

① 见冯旭文《蚕花五圣小考》，发表于湖州南浔经济开发区网站：http://www.cnnx.gov.cn/news/dispArticleAsp?ID=3063。

家在接收礼物后，要请蚕花五圣，之后把粽子逐家逐户分给邻里和亲属。目前，这一习俗仍得到较多的保留，只是"望蚕讯"的意义有所削弱，时间往往提前，一般娘家什么时候有空，就裹两盘粽子来，夫家也不再"请蚕花五圣"。

②丧俗中的蚕。即"扯蚕花挨子"与"盘蚕花"。死者家属准备好丝绵，在"妥工"（负责遗体入殓工作的人）指引下，按亲疏长幼次序，夫妻两人扯一只"挨子"，当场扯大，毕恭毕敬地盖在死者身上，依次从头盖到脚，亲属越多，挨子盖得越多，也就越体面。这就是"扯蚕花挨子"。然后，亲属列队，每人手持点燃的蜡烛，缓缓绕遗体（旧时绕棺材）兜三圈，不可哭出声，口中念念有词，祈祷死者保佑"蚕花廿四分"，此举俗称"盘蚕花"或"讨蚕花"。口中所念也有在"扯蚕花挨子"阶段就开始的。仪式结束后，自家人走进屋，别家人走出门，未燃尽的蜡烛要迅速吹熄，放入口袋，认为将来放在蚕房里可以保佑蚕花。

3. 养蚕禁忌与其他习俗。

（1）插桃枝。自清明开始到养蚕期间，村民在大门上、屋里的柱子上（过去房屋为木结构）插一根桃树枝条，蚕匾上也放一根，据说可以避邪。现在这一习俗沿袭较少，清明夜已少有插桃枝的。

（2）蚕猫习俗。过去，在吃"清明夜饭"时，有村民在自家家门口用筷子击碗，嘴里呼叫着"猫咪"，称为"呼蚕猫"，认为可以避免养蚕期间老鼠食蚕。云龙村陈安寺、云龙寺的和尚，则会挨家挨户把画在黄纸上的"蚕猫"送到村民家里，村民将其粘在蚕匾中间。待蚕茧采收后，和尚再上门来，村民就会给一定数量的小麦以示酬谢。后来的蚕猫也有用红纸剪成的，一般是从市场上买来。当前，仍有部分农户沿袭这一习俗，将纸剪的蚕猫贴在蚕匾上。

（3）蚕熟夜。清明夜又称"蚕熟夜"。除"请蚕花""呼蚕猫"外，用铁器在房前屋后翻土，称"动响土"，认为可免养蚕期不慎发出的响声；凡请"蚕娘"养蚕者，蚕娘均在此夜与主人共食"蚕熟夜饭"，否则不能进屋养蚕；是日村坊上的小孩被各家各户叫去吃夜饭，认为吃过后，养蚕期间小孩就可以到家里来。晚餐上，有若干与养蚕有关的特殊菜肴，称为"蚕菜"，如螺蛳，食后将螺蛳壳撒于屋顶，说是可以将室内蚂蚁尽收螺壳；吃马兰头，认为眼目清凉看好蚕；吃发芽豆，今年养蚕有发头；吃长粉丝，宝宝吐丝长又白；吃剥白蛋，茧子做出像鸭蛋；吃"清明茧"（糯米粉做的茧形圆子），采得茧子万万千；等等。目前，此俗接近于废止。

（4）蚕禁。养蚕期间，村民在大门外挡一芦帘，一般不相往来，禁止陌生人进蚕房。路过的货郎担、"生铁补镬子"的手艺人、卖梨膏糖的，等等，路过村民家门口时，都要压低声音，否则会受到训斥。如有买进的桑叶，要用桃枝在桑叶上轻鞭三下，以示辟邪。语言忌说"亮"字，因为"亮头"是指不会做茧的病蚕，"天亮了"要说"天开眼了"；忌说"僵"字，因为蚕农怕僵蚕；蚕爬忌说"爬"字，要说"行"字；忌说"老鼠"两字，因老鼠要吃蚕（俗称"托老鼠看蚕越看越少"），应说"夜猫"或"夜东西"。目前，除年纪大的蚕农仍说"行"字外，其他禁忌基本废除。

（5）蚕歌。蚕歌主要是在庙会、蚕花戏演出等场合演唱，内容多为讨口彩祈愿蚕花丰收。过去在养蚕期间，也有外地要饭的人，上门随口编词而唱。据村中老人所述，蚕歌曲调与卖梨膏糖吆喝的曲调应是同一个系列。以前也有村民会唱蚕花歌，不过只在夏夜乘凉之类的时候自娱自乐。

（6）蚕在方言中的特殊表现。蚕在本地方言中，往往被称为"蚕宝宝""宝宝"，养蚕被称为"看蚕"等，说明蚕业生产在村民生活中的重要地位。本地也流传一些与种桑养蚕有关的民谚、歇后语等，如日常生活中说某人靠不住，就会称他办事是"托老鼠看蚕"，又如"桑剪呱嗒响，不是鱼来就是鲞"，说明了蚕业生产对农户收入的影响。

（7）卜蚕卦。过去云龙村有长春庵，养蚕前，常有农妇去庵中请师太卜一卦，看当年的蚕茧收成如何。

三、云龙村蚕桑生产民俗的社会性、历史性和文化意义

1. 蚕桑生产民俗是本地居民群体心理的反应，也是海宁作为"桑麻故

里"的标志之一。对蚕桑丰收的企望，说明了蚕桑生产在当地生产活动中的重要性，表现众多的民俗，也说明了这块土地上先民的勤劳与艰辛。

2. 蚕桑生产民俗是吴越文化的重要组成部分。海宁地处长江三角洲腹地钱塘江畔，春秋时为吴越交界之处。钱塘江流域的文化是长江文化的一个分支，具有明显的地域特征，而蚕桑生产民俗深入到本地人民的日常生活之中，是探究本地历史文化精髓和人民性格特征的一个生动方面。

3. 蚕桑生产民俗也是中华民族成长中不可或缺的记忆。蚕桑与丝绸，曾经是中国的象征。在我们民族的成长过程中，特别是北宋南迁以后，长江流域的养蚕技术逐渐超越北方地区，在此过程中形成的民族心理，体现了人民的智慧和创造能力，需要我们挖掘、保护、传承。

4. 蚕桑生产民俗中，包含了地方传统音乐、戏剧、民间文学、民间舞蹈等的诸多创造，代表了地方优秀传统文化的精髓。

四、云龙村蚕桑生产民俗的濒危状况

1. 随着农村产业结构的变化，工商业比重在整个生产活动中的上升，蚕桑生产本身有萎缩趋势，与之相适应的民俗正在消失。据我们了解，从事蚕业生产的年龄结构也在发生变化，在云龙村，目前还在从事蚕业生产的 95% 以上是 50 岁以上的人员。考诸海宁整个区域的情况，历史上另外还有"接蚕花""讨蚕花""戴蚕花""轧蚕花""祛蚕祟"等仪式以及"穿马灯""穿五梅花"等民间舞蹈，可能也在云龙村存在过，但是目前已不见踪迹。又如马鸣王菩萨的画像，云龙民间称为"马张"，可见历史上曾经大量张贴，但目前已基本不使用。

2. 一些蚕俗仪式，年轻一辈可能还在继续做，但往往只知其然而不知其所以然，作为一个群体的记忆正在淡化。

3. 在蚕桑生产民俗中包含的一些民间音乐、民间戏剧、民间文学的相关内容，缺乏整理记录，随着老一辈人的去世，也正在淡出我们的视野。

海宁市优质茧收购的实践与体会[①]

戴建忠 陈伟国 董瑞华 张芬 杨一平

海宁市蚕桑技术服务站

嘉湖蚕区一直以优质蚕茧闻名全国，是生产高品位生丝的主要原料茧基地，海宁市周王庙镇云龙村曾因蚕桑优质高产受到国务院嘉奖。然而，20 世纪 80 年代"蚕茧大战"以后，收购秩序混乱，采售毛脚茧现象十分普遍，而且有愈演愈烈之势，甚至蚕还在吐丝时就采茧，造成了蚕茧质量下降、茧价压低的恶性循环，不仅蚕农、收烘部门和缫丝企业等各个环节都受到损害，也造成了资源的极大浪费。海宁市作为全省蚕桑产业强县更是深受其害，近年来，蚕茧价格比本省优质茧产区低 20% 左右。为重振海宁市优质蚕茧的声誉，探索新形势下促进优质茧生产的对策措施，市蚕桑技术部门和蚕茧收烘公司合作，于 2014 年春蚕开始，在周王庙镇云龙村开展优质茧收购试点。

1. 主要做法

以海宁市蚕茧收烘公司为收购主体，市蚕桑站提供技术支持，在周王庙镇云龙村民委的配合下，向蚕农宣传优质茧收购政策和上蔟管理技术要求。春蚕在云龙村 10 组试点，中秋和晚秋蚕扩大到相邻的 9、11、16 等 4 个组。

1.1 技术要求

一是上蔟前清除蚕沙，以减少黄斑茧、下脚茧等不良茧，提高上车茧率。二是营茧开始后开门开窗、通风排湿，保持室内有一定气流；如遇高温闷热天气，在打开门窗的同时，用电扇微风加快排湿，以提高结茧率和蚕茧质量。三是在全部或基本化蛹时采茧，即上蔟 5 ～ 6 天后开始采茧，采茧时将上茧和印烂、双宫、严重黄斑、柴印等次下茧分开，采下的上茧薄摊。四是售茧时，不用塑料袋、蛇皮袋等用具装运，鼓励

---

① 本文曾发表于《蚕桑通报》2015 年第 46 卷第 1 期。

用竹筐、塑料筐装运投售。

1.2 定价办法

由蚕农代表、村干部、市蚕桑站和蚕茧收烘公司共同采样定价，以试点区大批可采毛脚茧时（上蔟后 3 ～ 4 天）的市场价作为基础价，随机抽取 3 户蚕农各 2 公斤左右样茧称量后封存。在上蔟后 6 ～ 7 天开秤收购前，再次对封存的样茧称量，计算样茧平均失水率，再根据失水率和基础价计算出每 50 公斤蚕茧的实际收购中心价。

1.3 质量指标和奖励标准

一是收购时根据茧层厚薄及外观质量，在收购中心价的基础上升降 20 元以内；二是随机削取 10 颗样茧，好蛹率达到 80% 及以上，每 50 公斤奖励 40 元；三是含水率 20% 以下，每 50 公斤奖励 30 元；四是秤取 250 克样茧调查上车茧率，达到 90% 及以上，每 50 公斤奖励 30 元。好蛹率、含水率、上车茧率达标一项奖一项，3 项指标全部达标的，每 50 公斤再加奖 20 元，即每 50 公斤最高奖励 140 元。

1.4 工作流程

养蚕前期，先在试点区内做好政策宣传工作，蚕农在充分了解优质茧收购办法后再自愿选择是否参与；上蔟前，将蔟中管理技术要求、售茧卡等资料发放到参与试点的农户；上蔟后 3 ～ 4 天（春、秋蚕不同）抽取样茧；收茧当天，在各方共同鉴证下再次称量，计算样茧失水率及实际收购中心价；以户为单位，分别现场检验蚕茧质量指标，确定奖励金额。

2. 实施效果

2.1 茧质明显提高

2014 年春茧和晚秋试点区与面上对照平均茧质量情况比较（见表 1）。

表 1　2014 年春茧和晚秋茧质量试点区与对照平均比较

期别	茧样	上车茧率 (%)	茧层率 (%)	解舒丝长 (米)	解舒率 (%)	出丝率 (%)	万米吊糙 (次)	茧等 (级)
春茧	试点	79.09	47.75	704.4	71.67	32.01	1.9	8.0
	对照	76.83	47.47	539.4	56.55	28.77	3.5	14.4
	±	2.26	0.28	165.0	15.12	3.24	−1.6	高 6.4
晚秋茧	试点	74.05	45.77	614.5	65.00	28.72	3.2	12.0
	对照	69.24	46.08	551.9	62.83	25.99	2.7	15.0
	±	4.81	−0.31	62.6	2.17	2.73	0.5	高 3.0

注：①对照数据，春茧为全市 26 个茧站平均，晚秋为周王庙镇东升茧站平均。②样茧由海宁市蚕茧收烘公司从大批干茧中随机抽取；茧质由浙江省第三茧质检定所测定。

　　从表 1 可见，春茧和晚秋茧云龙试点的上车茧率均高于对照，表明分类采茧出售提高了上车茧率，但提高幅度不大。一方面与海宁市普遍采用伞形蔟具有关，另一方面蚕农对分类采茧掌握不好。茧层率主要由饲养管理决定，春茧和晚秋茧不同茧样的差异都较小。解舒率主要取决于上蔟环境、蔟中管理、蔟具和采茧迟早等。2014 年春蚕上蔟初期遇到雷阵雨天气，环境湿度较高，嘉湖蚕区春茧解舒率普遍偏低。云龙试点区通过蔟室通风排湿、采摘化蛹茧等措施，解舒率达到 71.67%，比全市平均提高 15.12 个百分点；晚秋蚕上蔟期间天气较好，云龙试点的解舒率比对照提高幅度不大，两者都达到良好水平。解舒丝长，比对照分别提高 30.60% 和 11.34%。干毛茧出丝率关系到缫丝生产效率和原料消耗，是影响干茧价的重要指标，春茧和晚秋茧均明显高于对照。万米吊糙关系到缫丝工效和生丝品质，次数越少越好，春茧双对照降低 45.7%，晚秋茧比对照要高 18.5%。茧等是评价干茧质量和决定茧价升降的综合指标，春茧比对照高 6.4 个等级，中晚秋茧比对照高 3 个等级。

2.2 蚕农收入增加

2014年春蚕，云龙试点区内14户农户饲养蚕种31.75张，收购蚕茧1471.3公斤，平均张产46.34公斤，发放茧款5.6万元，鲜茧平均价为每50公斤1905元，比云龙试点区外的市场价1650元提高255元，蚕农增加茧款收入7504元，增幅为15.45%。晚秋蚕参与试点农户30户，收购蚕茧2413.1公斤，发放茧款8.67万元，鲜茧平均价为每50公斤1795.98元，比云龙试点区外的市场价1550元提高245.67元，蚕农增加茧款收入11871.32元，增幅为15.87%。全年3期优质茧试点收购鲜茧4248.2公斤，发放茧款15.38万元，蚕农增收2.06万元，增幅为15.47%（见表2）。

表2 2014年优质茧收购茧价比较

期别	蚕种数（张）	收购蚕茧（公斤）	结付茧费（元/50公斤）	兑付茧款（元）	市场均价（元/50公斤）	比市场价（元/50公斤）	溢价率（%）
春蚕	31.75	1471.3	1905.00	56056.30	1650.00	+255.0	15.45
中秋	10.00	363.8	1518.64	11049.66	1350.00	+168.64	12.49
晚秋	70.25	2413.1	1795.98	86677.42	1550.00	+254.98	15.87
合计/平均	112.00	4248.2	1809.98	153783.38	1567.50	+242.48	15.47

2.3 收购和缫丝企业增效

对于蚕茧收烘部门来说，收购的优质茧因出丝率提高、茧等提高，干茧价格可提高；鲜茧化蛹率高，烘折下降，鲜茧成本减少。对于缫丝企业来说，因解舒率和出丝率提高，制丝茧本下降，生产工效和生丝品位提高，节本增效可消化优质干茧的提价因素。

3. 体会与建议

通过一年来优质茧收购试点，初步达到了茧质提高、蚕农增收、企业增效的目的，但也存在一些不足的方面。

3.1 优质优价体现仍不够明显

从2次称量计算蚕茧失水率看，不同期别、不同气候条件、不同间隔天数存在一定差异，上蔟后3～4天与6～7天相比，全年3期共抽取的8个样本，测定的平均失水率为9.65%。而优质茧结算价比抽样茧时的市场价高15.47%，鲜茧价每50公斤提高242.48元，应扣除每50公斤蚕茧失水率因素 151.26 元，蚕农实际得到的优惠为 5.82％，即每 50 公斤鲜茧平均增收 91.22 元，吸引力还不够。要提高蚕茧质量、提高蚕农生产优质茧的积极性，需要进一步提高奖励力度。

3.2 收购办法还要完善

分项奖励指标具有合理性，以促使蚕农采取针对性管理措施。但在实际收购过程中影响进度，下一步扩大试点范围后农户数大幅增加，在收购方法、设施人员配备、组织保障等方法需要进一步完善，确保收购工作有条不紊。

3.3 要形成一定规模的优质茧生产量

2014 年在优质茧试点区域，收购量最多一期仅 2.4 吨鲜茧，干茧不到 1 吨。收购的蚕茧质量虽然好，但因茧量太少，只能作为普通茧销售。因此，只有进一步扩大优质茧规模才能真正实现提质增效。

第三节　著作、论文目录

专家著述

刘子民，刘乌楠，余国东，许修春，邵汝莉，陈聪美，秦俊，惠永祥，杨大桢，蒋猷龙等：《1965 年千斤桑百斤茧技术标准（初稿）》，《浙江农业科学》1965 年第 4 期。

蒋猷龙，刘乌楠：《1965 年云龙大队蚕桑大面积大幅度增长的技术经验》，《蚕业科学》1966 年第 1 期。

刘乌楠，惠永祥，秦潴：《云龙大队 1965 年 640 亩桑园亩产千斤春叶的技术分析》，《浙江农业科学》1966 年第 4 期。

顾希佳：《东南蚕桑文化》，北京：中国民间文艺出版社 1991 年版。

祝浩新，沈民强，王国良，浙江省海宁市文化馆：《云龙村蚕桑生产民俗考察报告》，引自王恬主编，《守卫与弘扬·第二届江南民间文化保护与发展（嘉兴海盐）论坛论文集》，北京：大众文艺出版社 2008 年版。

试验论文

浙农大蚕桑系 74—1 班工农兵学员：《昆虫保幼激素类似物的应用试验》，《蚕桑通报》1976 年第 1 期。

海宁县钱塘江公社云龙大队蚕桑科学试验小组：《开展科学实验，摸索高产途径》，《蚕桑通报》1976 年第 2 期。

海宁钱塘江公社云龙大队科学试验小组：《选好蚕品种，增产夏秋茧》，《蚕桑通报》1977 年第 2 期。

海宁钱塘江公社云龙大队科学试验小组：《桑品种对比试验》，《蚕桑通报》1978 年第 1 期。

海宁钱塘江公社云龙大队科研组：《小蚕用叶标准》，《蚕桑通报》1978 年第 1 期。

戴建忠，陈伟国，董瑞华，张芬，杨一平，海宁市蚕桑技术服务站：《海宁市优质茧收购的实践与体会》，《蚕桑通报》2015 年第 46 卷第 1 期。

公社与大队发表文章

云龙大队张子祥：《彻底消毒，精选良桑》，《蚕桑通报》1977 年第 2 期。

海宁钱塘江公社云龙大队建一生产队：《亩产茧四百斤的回顾和展望》，《蚕桑通报》1977 年第 3 期。

中共海宁钱塘江公社云龙大队党支部：《抓纲治国学大寨，科学养蚕夺高产》，《蚕桑通报》1978 年第 2 期。

海宁县钱塘江公社：《本公社蚕室形式的演进》，《蚕桑通报》1978 年第 2 期。

海宁县钱塘江公社云龙大队：《蚕茧高产技术的探索》，《广西蚕业通讯》1978 年第 1 期；《广东蚕丝通讯》1978 年第 3 期；《今日科技》1978 年第 24 期。

其他文章

海宁县钱塘江公社云龙大队党支部：《发扬继续革命精神，为革命培好桑养好蚕——云龙大队蚕桑生产取得连续稳产高产》，《今日科技》1971 年第 30 期。

《云龙大队蚕桑机电化设计和协作座谈会》，《蚕桑通报》1978 年第 3 期。

《云龙大队蚕桑机电化设计和协作座谈会纪要（摘要）》，《蚕业科技资料》1978 年第 2 期。

嘉兴地区农科所蚕桑研究室：《实现每亩桑园产茧二百斤技术措施的探讨》，《蚕业科技资料》1978 年第 4 期。

嘉兴地区农科所蚕桑研究室：《每亩桑园产茧二百斤技术问题的探讨》，《蚕桑通报》1979 年第 1 期。

第四节　媒体报道

《人民日报》刊登

《蚕乡海宁》，1973 年 2 月 23 日。

《干劲足，茧成山——钱塘江公社蚕茧丰收侧记》，1973 年 8 月 5 日。

新闻图片（桑园面貌新），1978 年 7 月 22 日第一版报眼。

《光明日报》刊登

新闻图片（科学养蚕夺高产），1978 年 7 月 11 日第一版报眼。

《浙江日报》刊登

《钱塘江公社大批社队干部深入蚕室——以点带面领导春蚕生产》，1963 年 5 月 19 日第 1 版。

《云龙电灌站开展综合经营——碾米、磨粉、养猪、养鱼，既方便了社员又增加了收入》，1964 年 2 月 27 日第 2 版。

《云龙大队教育干部贯彻阶级路线——依靠贫下中农办好集体副业》，1965 年 12 月 8 日第 1 版。

《云龙大队干部社员座谈农业机械化的政治意义——实现农业机械化是伟大的战略任务》，1966年6月25日第4版。

图片新闻：云龙大队发展蚕桑生产，1972年5月7日第2版。

图片新闻：社员坚持常年积肥，1972年5月28日第1版。

图片新闻：春茧又获得优质高产，1972年8月16日第2版。

《钱塘江畔盛开大寨花——钱塘江公社以点带面扎扎实实开展农业学大寨群众运动》，1973年2月19日第2版。

图片新闻：采茧时节访蚕乡，1973年6月13日第2版。

《万马奔腾海宁潮——海宁县见闻之一》，1973年7月12日第1版、第3版。

图片新闻：烧石煤、缫好丝，1973年7月12日第1版、第3版。

《沿着党的基本路线奋勇前进——海宁县钱塘江公社云龙大队调查之一》，1973年8月24日第1版、第4版。

《沿着党的基本路线奋勇前进——海宁县钱塘江公社云龙大队调查之二》，1973年8月25日第1版、第4版。

《坚持毛主席革命路线的战斗堡垒——海宁县钱塘江公社云龙大队调查之三》，1973年8月26日第1版、第2版。

《海宁蚕茧又获丰收》，1973年12月30日第2版。

图片新闻：李锦松介绍情况，1975年4月17日第4版。

图片新闻：早秋蚕茧丰收，1975年10月15日第2版。

图片新闻：李锦松与社员群众一起在田头，1976年12月14日第3版。

图片新闻：学习第二次全国农业学大寨会议精神，1977年1月21日第2版。

图片新闻：开展劳动竞赛，1977年5月7日第3版。

图片新闻：做好春蚕饲养准备，1978年4月10日第2版。

图片新闻：海宁县云龙大队把今年丰收的春茧踊跃运往国家收茧站出售，1978年6月26日第1版。

图片新闻：海宁县钱塘江公社云龙大队在"双夏"中充分发挥农业机

械作用，1978 年 8 月 2 日第 4 版。

图片新闻：云龙大队去年亩桑产茧达到三百五十八斤六两，开创了亩桑二化性白茧的全国最高纪录。今年春天，云龙大队光荣地出席了全国科学大会，1978 年 8 月 22 日第 3 版。

《海宁县加强科技管理工作，促进科研大干快上——抓好科学中的科学》，1979 年 3 月 16 日第 3 版。

图片新闻：云龙大队党支部副书记朱芝明陪同冈部光波团长在桑园参观，1979 年 4 月 30 日第 2 版。

《云龙飞腾话龙头——赞云龙大队党支部干部身先士卒的好作风》，1979 年 9 月 5 日第 3 版。

《云龙大队蚕茧又创高产新纪录——亩桑产茧三百六十斤，总产增长二成多》，1979 年 12 月 2 日第 1 版。

《云龙在飞腾——记蚕茧高产单位海宁县云龙大队》，1979 年 12 月 28 日第 2 版。

图片新闻：丰收银茧堆成山，云龙社员贡献大，1979 年 12 月 28 日第 2 版。

图片新闻：全国先进单位海宁县钱塘江公社云龙大队，1980 年 1 月 20 日第 1 版。

《云龙大队党支部带领群众一跃再跃，把思想工作贯穿于生产活动中》，1980 年 2 月 9 日第 3 版。

《云龙大队干部社员爱国家爱集体，络麻、蚕茧全部投售给国家》，1981 年 1 月 14 日第 1 版。

《做好思想工作，解决实际困难，云龙大队坚持专业桑园不间作》，1981 年 2 月 4 日第 1 版。

《向阳新村暖人心——记生产队长朱芝明》，1981 年 2 月 25 日第 4 版。

图片新闻：清洗蚕匾，1981 年 4 月 3 日第 1 版。

《敢于唯实，善当行家——记海宁县云龙大队建一生产队队长朱芝明》，1981 年 5 月 28 日第 2 版。

图片新闻：安德烈·科林巴访问云龙大队，1983 年 7 月 9 日第 1 版。

《钱塘江镇推广科学养蚕经验——今年春茧总产比去年增长 6.3%，平均每张蚕种单产 41.5 公斤》，1987 年 6 月 14 日第 2 版。

其他媒体刊登

图片：云龙大队党支部与社员群众声讨"四人帮"，《工农兵画报》1976 年第 23 期。

图文：《江南蚕乡春光好》，方炳华摄并报道，香港《大公报》1978 年 6 月 16 日第八版。

图文报道：（无标题）海宁县委报道组撰文，方炳华摄，《浙江图片新闻》1978 年第 5 期。

图片：《向国家收购站交售蚕茧》，方炳华摄，《人民画报》1978 年第 11 期。

图文：《科学养蚕夺丰收》，方炳华摄，《农村科学实验》1978 年第 11 期。

图文：《云龙大队喜获蚕茧丰收》，方炳华摄，浙江《广播电视周报》1979 年第 9 期。

图片：《春满江南唱蚕乡》，方炳华摄，1980 年 4 月用作对台宣传。

图片：《清洗蚕具》，方炳华摄，《中国妇女》1981 年第 7 期。

图文：《桑园四改 银茧丰收》，蒋连根文，方炳华摄，《农民画报》1982 年第 3 期。

图片：《蚕乡春》，方炳华摄，《农村金融》1982 年第 8 期封面。

视频影像

电视专访片：《金龙降落的地方——云龙村两个文明建设纪实》（长度 12 分 59 秒），海宁县五讲四美三热爱活动委员会供稿，海宁电视台录制，1985 年 5 月。

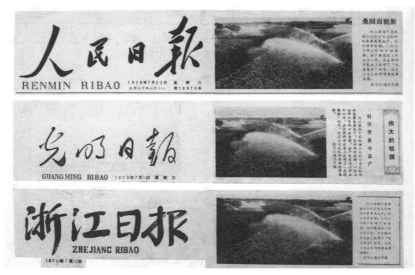

1978 年三报（《人民日报》《光明日报》《浙江日报》）头版报眼同时刊登云龙
桑园喷灌剪报

1978 年 6 月 16 日第八版香港《大公报》用一个整版刊发云龙照片 8 幅（上半版剪报）

1978年第11期《人民画报》刊登云龙茧站蚕茧收购照片

农村金融

一九八二年
第 八 期
四月十六日出版

封面：蚕多春　　　　　　　　　　　　　　方炳华

1982 年第 8 期《农村金融》杂志用云龙照片作整版封面

1978 年第 5 期《浙江图片新闻》画报 2 个整版刊发云龙照片

1978 年第 11 期《农村科学实验》杂志、1981 年第 7 期《中国妇女》杂志刊用云龙照片

20 世纪 70 年代多家报刊、杂志刊发云龙照片

20 世纪七八十年代多家媒体刊发云龙照片

《金龙降落的地方》电视专访片片头标题（1985 年录制）

《金龙降落的地方》电视专访片片头副标题（1985 年录制）

附　表

附表 1　中共云龙支部（总支）1959—2015 年历届班子名录

任 期	书 记	副书记	委 员
1959.4—1959.10	邬德标	褚和尚、陈东海	
1961.5—1963.7	李锦松	朱芝明、陈东海、褚和尚	沈福金、贝炳松、金秀仙
1963.7—1968.5	李锦松	朱芝明、陈东海、褚和尚	范培荣、贝炳松、李金发、曹云娥、沈兴康、陈加昌、徐鉴清
1970.10—1976.10	李锦松	朱芝明、陈东海、范培荣	褚和尚、徐仁昌、陈炳仁、陆小凤、贝炳松
1976.10—1980.4	陈东海	朱芝明、范培荣、张纪兴	褚和尚、徐仁昌、陈炳仁、陆小凤、贝炳松、陆进才、陈财煜
1980.4—1984.12	陈东海	范培荣、陆进才、徐仁昌、张纪兴、朱芝明	陈炳仁、陆小凤、陈财煜、褚进发、陈云龙
1985.1—1987.3	朱芝明	范培荣、陆进才、徐仁昌、张纪兴	陈炳仁、陆小凤、褚进发、陈云龙、朱云生、沈伟仁
1987.3—1990.9	朱芝明	范培荣、陆进才、褚进发、朱云生	陈炳仁、陆小凤、沈伟仁、张纪兴、陈云龙
1990.9—1993.3	朱云生	褚进发	沈伟仁、张纪兴、陈云龙、钱兴林、张叙仙
1993.3—1996.3	朱云生	褚进发	沈伟仁、张纪兴、陈云龙、钱兴林、张叙仙、陈建荣
1996.3—1999.3	朱云生		沈伟仁、陈云龙、钱兴林
1999.3—2002.3	朱利松	褚进发	范卫福、钱兴林、戴水庆、贝妙珍
2002.3—2005.3	范卫福	褚进发、贝妙珍	钱兴林、戴水庆
2005.3—2008.4	范卫福	褚进发、贝妙珍	钱兴林、戴水庆
2008.4—2011.4	范卫福	褚进发、贝妙珍	钱兴林、戴水庆
2011.4—2013.12	范卫福	戴水庆、贝妙珍	钱兴林、徐家裕
2013.12—2015	范卫福	张晓辉	张小明、徐家裕、陈勤艳、胡敏峰

附表2　云龙村委会（生产大队）历届负责人名录

任　期	主任（大队长）	副主任（副大队长）	委　员
1961.9—1963.9	沈福金		
1963.9—1976.9	陈东海		
1976.9—1982.9	朱芝明		
1982.10—1985.5	陆进才	褚进发、陆小凤	沈伟仁、钱兴林、张子松、徐祖根
1985.10—1988.5	陆进才	褚进发、陆小凤	沈伟仁、钱兴林、张子松、朱发庆
1988.5—1990.9	陆进才	褚进发、陆小凤	沈伟仁、钱兴林、张子松、朱发庆
1990.9—1993.5	褚进发	沈永奎	钱兴林、张叙仙、贝金芬
1993.5—1996.5	褚进发	陈建荣	戴水庆、陈天根、钟静文
1996.5—1999.5	朱云生	褚进发	戴水庆、陈天根、张叙仙
1999.5—2002.5	褚进发		戴水庆、贝妙珍
2002.5—2005.5	褚进发		戴水庆、贝妙珍
2005.5—2008.5	褚进发		戴水庆、贝妙珍
2008.5—2011.5	戴水庆		张晓辉、张小明
2011.5—2014.5	戴水庆		张晓辉、张小明
2014.5 至今	张晓辉		张小明、陈勤艳

注：1968 年，各大队成立革命领导小组；1981 年，废除革命领导小组，成立生产大队管理委员会；1983 年，生产大队管理委员会改为村民委员会。

附表 3　云龙村委会（生产大队）历届海宁市党代表、人大代表名录

姓　名	届　别
李锦松	海宁市第六届、第七届党代表；海宁市第六届、第七届、第八届人大代表
朱芝明	海宁市第六届、第七届党代表；海宁市第六届、第八届、第九届人大代表
陆小凤	海宁市第八届党代表
范卫福	海宁市第十一届党代表；海宁市第十四届人大代表
褚进发	海宁市第十届人大代表
朱云生	海宁市第十一届人大代表
陈炳权	海宁市第十二届人大代表

附表 4 1960—1982 年云龙大队集体经济时期粮食产量表

年份	春粮			早稻			晚稻			什粮	全年粮食总产量			国拨粮总产量（吨）	大豆总产量（吨）
	面积（亩）	单产（千克）	总产（吨）	面积（亩）	单产（千克）	总产（吨）	面积（亩）	单产（千克）	总产（吨）	总产量（吨）	种植面积（亩）	亩产（千克）	总产量（吨）		
1960	1877.8	79.91	150.05							27.53	509.5	348.54	177.58	51.73	6.92
1961	1761.8	97.66	172.06	481	268.09	128.95	798.5	333.08	265.97	48.27	1134.4	542.5	615.25	195	20.4
1962	1812	138.18	250.37	560	247.48	138.59	941	239.31	225.19	82.26	1704	408.69	696.41	196.06	13.6
1963	1717	92.8	159.34	519.3	254.68	132.26	871.2	250.33	218.09	99.78	1185	514.5	609.47	208.05	11.55
1964	1654.4	122.48	202.62	614.6	300.36	184.6	914.6	341.37	312.22	18.77	1152	623.45	718.21	258.13	6.62
1965	1740.8	123.64	215.23	563.4	354.46	199.7	797.2	311.68	248.47	34.37	965.3	723	697.77	286.24	12.59
1966	1944.6	88.67	172.42	873.0	385.07	336.17	1162	346.85	403.04	47.67	1271	754	959.3	270	7.1
1967	1940.7	87.11	169.05	901.5	342.28	308.57	1199.2	343.95	412.46	35.89	1483	624.39	925.97	254.2	6.49
1968	1949.7	92.25	179.86	875.6	317.9	278.35	1206	256.68	309.56	42.55	1207.9	670.5	810.32	254.2	8.78
1969	1939.2	85.37	165.54	940.5	354.67	333.56	1260	341.31	430.05	20.53	1246.6	762	949.68	254.2	6.46
1970	1907.2	109.92	209.63	1135.4	365.41	414.88	1391.9	338.8	471.58	12.21	1359.1	815.5	1108.3	174.5	7.21
1971	1927.7	130.22	251.02	1201	367.81	441.74	1401	356.6	499.59	2.89	1381	865.49	1195.24	174.5	2.78
1972	2014.4	136.16	274.28	1192.7	434.93	518.73	1422.5	324.24	461.23	11.46	1349	938.25	1265.7	174.5	2.67
1973	1928.2	78.88	152.09	1195.9	469.37	561.31	1400.1	345.45	483.66	8.17	1340.3	899.22	1205.23	168.7	2.11
1974	1881.5	185.46	348.93	1178.4	427.58	503.85	1400	302.47	423.45	1.61	1335.8	956.61	1277.84	169	2.6
1975	1873.1	114.13	213.77	1170.5	383.52	448.91	1406.2	303.84	427.25	1.65	1337	816	1091.58	170.2	2.54

年份	春粮			早稻			晚稻			什粮	全年粮食总产量			国供粮总产量（吨）	大豆总产量（吨）
	面积（亩）	单产（千克）	总产（吨）	面积（亩）	单产（千克）	总产（吨）	面积（亩）	单产（千克）	总产（吨）	总产量（吨）	种植面积（亩）	亩产（千克）	总产量（吨）		
1976	1861.5	179.57	334.26	1179.9	395.33	466.44	1411.8	349.61	493.57	2.41	1333	972.5	1296.68	170.2	4.31
1977	1770.2	122.88	217.51	1166.3	388.16	452.7	1433.7	379.43	543.98	1.06	1321.6	919.5	1215.25	170.2	8.09
1978	1784.3	231.34	412.78	1180.6	467.81	552.3	1452.1	444.79	645.88	1.54	1410	1143.5	1612.5	170.2	12.53
1979	1755.8	276.32	485.16	1180	500.92	591.09	1465.3	427.44	626.33		1409.4	1208.02	1702.58	170.2	7.46
1980	1600	231.94	371.1	1199.4	440.44	528.26	1450	311.93	452.3		1309	1032.5	1351.66	220.19	7.49
1981	1522	185.46	282.27	1150	517.25	594.83	1446	272.24	393.67		1309	970.79	1270.77	220.19	6.65
1982	1392	231.3	321.97	1155.8	475	549	1446.2	434.02	627.67		1309	1145	1498.64	220.19	5.85

注：本表数据来源于原大队书记朱记芝明笔记。

附表5 1960—1982年云龙大队集体经济时期经济总收入表

（单位：元）

年份	总收入	其中											
		粮食	蚕桑	络麻	油菜籽	甘蔗	瓜类	蔬菜	其他农作物	畜牧	渔业	企业	其他
1960	513507.42	27624.48	44390.18	252411.45	31681.72	9347.01	6695.01	19109.3	74087.33	7000	4875.29		36285.65
1961	502298.98	122635.85	20813.83	155184.72	36884.93	22863.74	22205.91	20607.53	21546.96	11075.27	8614.87	49051.44	10813.93
1962	617913.21	139429.89	46335.53	168079.69	50474.01	21028.43	19778.52	23409.05	69736.47	2280.82	19531.94	52505.21	5323.65
1963	564695.71	115556.32	55993.36	215274.33	29680.73	16212.08	18578.84	23510.08	69181.46		6254.19	3105.4	11348.92
1964	667836.1	143368.61	87229.84	247331.92	50734.84	19133.62	23602.93	15014.79	41852.04	3861.37	4777.26	18908.38	12020.5
1965	632269.15	140740.37	122511.06	214970.69	51133.44	4500.43	9313.96	17674.46	45456.99	2695.66	4984.93	12000	6287.16
1966	696748.43	201933.94	139313.74	186625	36115.14	2578.98	4604.77	22189.5	57527.61	2815.07	6019.1	17500	19525.58
1967	728576.27	204414.35	140994	196009.61	38844.77	4817.12	9114.71	40190.84	54067.73	544.17	5454.93	16300	17824.04
1968	770281.19	181887.45	192845.72	196730.28	35423.23	6645.19	5278.33	31048	55530.7		7572.23	34000	23320.06
1969	871636.57	212389.35	200735.41	201097.88	34897.46	4353.74	7429.89	42219.69	54172.66	30523.6	3714.21	53000	27102.68
1970	899029.96	244787.52	209921.19	183757.74	42852.38	2085.07	952.25	33143.54	53186.57	29240.26	3835.18	54000	41268.26
1971	982868.66	259966.98	217509.94	204710.21	62666.09	1899.08	901.77	27296.21	51906.39	40662.62	3276.44	67000	45072.93
1972	1069275.88	271719.65	295274.13	190572.35	51516.06	1839.05	5631.64	18453.73	57317.32	66842.14	7883.85	76177.79	26048.17
1973	1099436.47	255282.64	306637.78	210771.78	49209.31	829.55	1044.13	21001.73	55891.06	61697.57	8341.28	85342.14	43387.5
1974	1172211.1	268189.63	337518.43	187598.98	77473.11	257.6	2704.86	31280.12	51919.47	69705.55	6901.76	73316.17	65345.42
1975	1122006.17	229129.51	318319.2	197787.02	41212.47	285	2559.98	22717.95	53654.9	61217.21	8165.53	102387.7	84569.7

年份	总收入	其中											
		粮食	蚕桑	络麻	油菜籽	甘蔗	瓜类	蔬菜	其他农作物	畜牧	渔业	企业	其他
1976	1178882.81	275328.96	323818.59	182683.65	45458.86	146.4	2362.75	21039.65	53219.7	50183.05	9932.33	144717.19	69991.68
1977	1163464.54	257501.87	311752.57	189959.24	41043	347.56	5012.46	20698.51	49531.88	48978.22	11899.68	145387.76	81351.79
1978	1313760.95	338830.67	282170.18	236147.7	60407.81	408.59	5348.44	35333.32	52072.31	52739.69	12271.3	177841.51	60189.43
1979	1518243.07	352862.99	452356.53	184717.93	118481.89	87.03	7956.86	17276.77	49569.03	70913.57	15723.34	178331.3	69965.83
1980	1480845.94	279217.23	431427.45	168206.24	109199.25		11796.98	41351.61	50599.34	60793.64	24114.19	230513	73627.01
1981	1511102.76	260065.88	481861.45	181674.76	133596.21		11449.6	32538.95	51646.62	64853.49	34313.37	181162.96	77939.47
1982	1540611.74	365500.73	441787.86	183228.38	125401.74		12924.48	29393.57	49818.21	44905.1	33103.61	160586.13	93961.93

注：本表数据来源于原大队书记朱芝明笔记。

附表 6 1968—1982 年云龙大队集体经济时期蚕桑收入表

（单位：元）

年份	春蚕	夏蚕	早秋蚕	中秋蚕	晚秋蚕	全年合计
1968	103173.86	19275.61	17763.34	40452.69	8113.68	188779.18
1969	108503.41	21125.79	13556.91	45881.08	7077.92	196145.11
1970	104413.65	17458.81	16528.58	48234	12246.44	199881.48
1971	121868.25	20257.64	19893.74	38985.25	11294.45	212299.33
1972	143798.49	21298.58	28846.76	78272.17	9582.79	281798.79
1973	131842.03	19187.06	44978.25	80046.35	17230.7	293284.39
1974	162301.17	23556.91	41932.17	82239.56	15059.56	305089.37
1975	138578.85	18345.16	55663.77	59012.87	34640.67	306241.32
1976	144493	27730.5	47094.84	75001.67	15748.24	310068.25
1977	134299.84	12127.15	59115.78	71603.85	12108.65	398399.66
1978	144697	17153.86	45352.15	51617.65	11758.59	270579.25
1979	203942.93	26722.16	66178.78	105325.89	34235.31	436405.07
1980	205646.46	31130.14	67813.24	88783.11	14428.64	407801.59
1981	210402.01	30873.14	64675.6	112684.23	26629.88	445264.86
1982	197809.29	38869.88	68769.77	95459.41	7737.17	408645.52

注：本表数据来源于原大队书记芝明笔记。

附表 7 1960—2015年云龙大队（村）蚕茧产量汇总表

年份	春蚕			夏蚕			早秋蚕			中秋蚕			晚秋蚕			全年合计			亩桑产茧量（千克）
	张数	单产（千克）	总产（吨）	张数	单产（千克）	总产（吨）	张数	单产（千克）	总产（吨）	张数	单产（千克）	总产（吨）	张数	单产（千克）	总产（吨）	张数	单产（千克）	总产（吨）	
1960													38	7.63	0.29	1616	12.25	19.83	28.9
1961																1074	9	9.68	14.6
1962	510	20.8	10.62	156.5	15.55	2.37				473	14.5	6.86	38	8.16	0.31	1177.5	17.1	20.15	30.4
1963	632	23.3	14.74	160	16.05	2.57				535	11	5.89	53	13.3	0.71	1380	17.45	23.91	36.05
1964	634	31.4	19.93	161	24.05	3.88				465	19.15	9.41	18	29.1	0.52	1278	26.4	33.74	50.9
1965	624	37.35	23.31	145.5	30.4	4.42	189	28.85	5.46	417	28.65	11.96	101	31.19	3.15	1476.5	32.7	48.29	75.35
1966	757	40.35	30.54	170.5	33.35	5.69	280	14.3	4.05	582	13.75	8.01	82	22.5	1.85	1872	27	50.13	78.25
1967	782	39.55	30.85	237	27.47	6.51	269	15.9	4.28	671	11.75	7.89	76	12.45	0.95	2035	24.8	50.53	78.85
1968	839.5	41.05	34.46	251	30.08	7.55	240	28.28	6.79	660	25.96	17.15	159	25.15	4.01	2149.5	32.55	69.66	108.4
1969	862	40.85	35.23	227	35.04	8	194	27.45	5.33	690	26.55	18.34	170	16.65	2.83	2143	32.55	69.74	108.85
1970	799	41.9	33.51	246	28.85	7.07	242	26.55	6.43	783	25.35	19.91	189	24.85	4.7	2252	31.55	71.53	111.5
1971	854	46.65	39.83	235	32.15	7.56	307	25.8	7.92	814	20.9	17.04	133	26.5	3.53	2343	32.35	75.88	118.5
1972	956	48.38	46.27	254	32.28	8.2	391	31.39	12.27	896	31.57	28.28	112	41.25	4.62	2609	37.8	98.64	153.45
1973	1032	43.63	45.02	215	35.8	7.69	533	32.96	17.57	993	32.05	31.89	163	33.11	5.4	2920	36.84	107.57	164
1974	1034	45.21	46.74	237	38.7	9.17	597	30.46	18.19	777	31.64	24.58	175	32.46	5.68	3125	36.11	112.83	170.35
1975	1009	41.75	42.13	218	36.03	7.85	743	30.37	22.63	976	24.68	24.24	469	30.97	14.52	3417	32.59	111.37	174.05

年份	春蚕			夏蚕			早秋蚕			中秋蚕			晚秋蚕			全年合计			亩桑产茧量（千克）
	张数	单产（千克）	总产（吨）	张数	单产（千克）	总产（吨）	张数	单产（千克）	总产（吨）	张数	单产（千克）	总产（吨）	张数	单产（千克）	总产（吨）	张数	单产（千克）	总产（吨）	
1976	1018	45.77	46.59	255	36.39	9.21	760	26.44	20.09	953	31.71	30.22	195	29.74	5.8	3163	35.19	111.92	175
1977	1032	43.63	45.03	276	31.55	8.71	704	34.35	24.18	976	33.68	32.87	174	22.89	3.98	3162	36.21	114.76	179.3
1978	1034	41.5	42.91	254	25.6	6.51	759	24.74	18.77	986	23.57	23.26	204	20.2	4.17	3237	29.53	95.56	149.5
1979	962	41.53	43.8	238	35.98	8.56	729	31.85	23.23	971	34	33.03	318	30.5	9.75	3218	36.78	118.37	180
1980	990	48.91	48.02	269	37.27	10.03	696	32.73	22.78	948	30.38	28.78	122	30.6	3.73	3025	37.47	113.35	177
1981	985	45.57	44.92	239	40.01	9.56	716	30.64	21.94	1046	33.03	34.55	260	29.02	7.54	3238	36.6	118.52	185.15
1982	1005	44.35	44.56	304	39.76	12.09	698	31.79	22.19	1058	27.42	29.01	148	17.19	2.56	3213	34.37	110.45	157.5
1983	1136.5	42.49	48.28	338.5	29.15	9.87	375	30.8	11.55	1006.5	35.81	36.04	299.5	38.24	11.45	3156	37.15	117.2	156.25
1984	1108.5	39.87	44.19	264.25	37.51	9.92	552	37.43	20.66	1200	38.89	46.66	604	36.49	22.04	3728.75	38.48	143.45	159.4
1985	1056.75	51.87	54.82	450.25	31.7	14.27	735.25	37.1	27.28	1329.25	34	45.2	775.25	36.09	27.98	4346.75	38.15	169.55	163
1986	1390	41.85	58.16	489	34.82	17.02	949	25.17	23.88	1461.75	28.49	41.64	625	27.33	17.08	4914.25	32.14	157.94	151.5
1987	1352	44.3	59.89	350	38.12	13.34	829	31.94	26.48	1385	34	47.08	502	35.86	18	4418	37	164.79	158
1988	1486	44.8	66.57	353	29.01	10.24	906	32.01	29	1712	30.5	52.22	690	33	22.77	5147	35	180.8	174
1989	1850	38.5	71.22	399	25.04	9.99	782	30.69	24	1978	28.5	56.37	964	25	24.1	5973	31	186.5	179
1990	2217	35.3	78.26	523	26.01	13.6	1087.5	23	25.01	2432.5	26.5	64.45	1025	19.51	20	7285	27.64	201.32	193.5
1991	2654	32.62	86.56	731	19	13.89	1299.25	23.76	30.87	2674	28.79	76.96	1194	21.71	25.92	8550.5	27.39	234.2	204
1992	2518	43.7	110.04	699.5	32.05	22.42	1594	28.5	45.43	2908	27.1	78.79	1205	22.69	27.34	8924.5	31.83	284.02	206

年份	春蚕			夏蚕			早秋蚕			中秋蚕			晚秋蚕			全年合计			亩桑产茧量(千克)
	张数	单产(千克)	总产(吨)	张数	单产(千克)	总产(吨)	张数	单产(千克)	总产(吨)	张数	单产(千克)	总产(吨)	张数	单产(千克)	总产(吨)	张数	单产(千克)	总产(吨)	
1993	2836	39.14	111	550	29.28	16.1	1534	27.4	42.03	3061	30.66	93.84	780	33.98	26.5	8761	33	289.02	204
1994	2754	39.02	107.5	537	34.44	18.26	1278	31.3	33.87	2767	32.34	95.46	1030	33.98	36.16	8369	34.83	291.25	201
1995	2672	37.99	101.5	594	30.98	18.41	1360	29.94	39.44	2905	27.99	81.34	1093	21.96	24.05	8624	30.77	264.74	117.5
1996	2311.75	44.5	102.87	358	35	12.53	621.75	22	13.68	1730.25	30.5	52.77	355.75	30	10.67	5377.5	35.8	192.53	185.1
1997	2304	45	103.68	358	42	15.04				2352	38.5	91	594	36.2	21.5	5608	41	231.5	222.5
1998	2443	45	109.94	454	35	15.09				2400	36	86	774	35	27.1	6071	38	239	230
1999	1947	42.63	83	366	40.99	15				1601	29.36	47	440	34.9	15	4354	37.5	165	158.65
2000	2423	45	109.04	454	40	18.16				1901	37.5	71.29	795	32.51	25.84	5573	39	224.29	215.65
2001	2462	45	110.79	501	39.92	20				2415	35	84.53	850	37.47	31.9	6228	39.7	247.17	237.5
2002	2485	45.07	112	707	45.26	32				2534	12.63	32	1200	40	48	6926	32.34	224	155.5
2003	2250	50	112.5	580	40	23.2				1755	30.03	52.7	1100	50	55	5685	42.82	243.4	234.04
2004	1536	47.98	73.7	395	46.1	18.2				985	35	34.48	1150	45	51.75	4066	43.81	178.13	171.3
2005	2094.75	52	109	591	40.6	24				1342	37.3	50.1	1600	51	81.6	5627.75	47	264.7	378.15
2006	1300	50	65	380	48	18.24				1450	40	58	1820	40	42	4950	43	183.24	123.73
2007	1850	50	92.5	380	40	15.2				1745	20	34.9	1750	45.03	78.8	5725	38.7	221.4	124.04
2008	2200	49	107.8	350	48	16.8				440	43	18.92	1540	45	65	4530	45	208.52	116.36
2009	1418	51	72	183	47	8.6				374	38.5	14.4	1213	39	47.3	3188	45	142.3	82.26

年份	春蚕			夏蚕			早秋蚕			中秋蚕			晚秋蚕			全年合计			亩桑产茧量(千克)
	张数	单产(千克)	总产(吨)	张数	单产(千克)	总产(吨)	张数	单产(千克)	总产(吨)	张数	单产(千克)	总产(吨)	张数	单产(千克)	总产(吨)	张数	单产(千克)	总产(吨)	
2010	1017	51	52	246	52	12.8				338	46	15.5	930	52	48.4	2531	51	128.7	74.4
2011	1595	51	81.3	183	47	8.6				244	37	9	1522	23	35	3544	37.78	133.9	77.4
2012	1587	51	80.94	126	43	5.42				26.5	44	1.16	1012.5	33	33.41	2752	44	120.93	70.31
2013	918.5	51	46.84	52.25	40	2.09				286.75	36	10.32	893.5	50	44.68	2151	48.32	103.93	60.43
2014	995	50	49.75	50.5	40	2.02				105	37.5	3.94	756	42.5	32.13	1906.5	46.08	87.84	51.07
2015	1000.25	51	51.01	35.25	41	1.45				9.5	35.48	0.34	467.75	47.5	22.22	1512.75	49.59	75.01	43.61

注：本表 1960—1982 年数据来源于原云龙大队书记朱芝明笔记；1983—2001 年数据来源于原村委会主任褚进发笔记；2002—2015 年数据来源于原云龙大队书记朱芝明笔记；2002—2015 年数据来自《海宁市（周王庙镇）农业生产年终统计报告表》。

后　记

　　2013 年，中国丝绸博物馆组织"丝绸文化遗产保护与传承创新团队"课题组，由俞敏敏、张镇西负责，对海宁市云龙村蚕桑文化发展展开调研。嗣后，根据赵丰馆长的要求，将课题成果利用、完善，并与海宁市史志办公室展开合作，编纂《云龙蚕桑志》一书。这是一部记录农村村级组织在约半个世纪中的蚕桑生产和蚕俗文化发展历程的专业志书。

　　《云龙蚕桑志》由张镇西任主编，编辑人员有朱善九、刘碧虹、沈瑞康、周建初。在编辑过程中，查阅档案近 150 卷，收集、摘录相关文字资料约 50 万字。多次在云龙村驻村调查，采取开会、个别采访等形式，采访了包括原大队负责人、现村干部、原大队或生产队蚕业负责人和蚕业饲养员、云龙外宾接待站工作人员、蚕师傅等相关知情人士数十人。主要采访对象有：朱芝明，82 岁，云龙五组，原云龙大队党支部书记；曹锦明，云龙三组，原云龙大队外宾接待站工作人员；戴银法，74 岁，云龙十组，原云龙大队第十生产队蚕业队长；叶杏英，83 岁，云龙十组，原云龙大队第十生产队蚕业饲养员；沈发根，76 岁，云龙五组，原云龙大队第五生产队蚕业饲养员；钱兴林，57 岁，云龙十组，原云龙大队第十生产队蚕业饲养员；张纪兴，76 岁，原云龙大队分管蚕业的党支部副书记；姚根荣，75 岁，云龙九组，原云龙大队第九生产队蚕业队长；周玉财，69 岁，云龙八组，原云龙大队第八生产队蚕业队长；沈建国，72 岁，原云龙大队蚕师傅，曾赴湖南酃陵担任蚕师傅，以及戴尚荣、曹培良、王莉君等。召开座谈会5次，拍摄照片80多张，实地考察蚕桑遗迹5处。编辑朱善九主要负责档案资料查阅、云龙村口述资料收集、全书初稿撰写等；刘碧虹主要负责历史文献资料的收集和整理；沈瑞康主要撰写提供了周王庙镇基本情况和蚕俗文化资料；周建初主要负责对蚕桑遗迹的实地调研，绘制线图；张镇西统筹主笔，制定篇目、编写资料长编、进行统稿，并对初稿至终稿进行修改完善。

在实地调研过程中，得到了周王庙镇以及云龙村的大力支持，云龙村党支部书记范卫福提供了许多历史实物资料并为走访提供了方便。80多岁高龄的原大队书记朱芝明，提供了1960至1982年的粮食、蚕桑、经济收入等情况的详细数据；原村委会主任褚进发，提供了1983至2001年的蚕桑生产数据。在查阅资料的过程中，得到了蒋猷龙先生的女儿蒋玲娜的大力支持，并在中国丝绸博物馆"新猷资料馆"查阅了许多蒋猷龙先生笔记等珍贵史料；海宁市档案馆提供了大量档案资料；书中有关蚕具、蚕俗部分的资料，参考了已出版的顾希佳所著《东南蚕桑文化》，顾希佳先生1985年前后曾在云龙做过实地调研；志书反映20世纪70年代云龙在集体生产时期蚕桑生产的历史照片，是由中国丝绸博物馆向方炳华先生征集的，方炳华先生原为县委报道组摄影干部，他用镜头记录了许多精彩画面。一部分1985年的照片，抓拍自海宁电视台拍摄的电视专访片《金龙降落的地方》，其他照片除署名或注明出处外，由云龙村提供或编者拍摄。

本书初稿完成于2014年5月，初稿下限截至1982年年底。此后听取多方意见后，经过重新调研、查阅，增加了1983至2015年的资料，逐步修改完善，下限调整至2015年。编纂稿在修改过程中，征求了云龙村及有关人士的意见；得到了海宁市农经局蚕桑站董瑞华、陈伟国的指导和帮助，并认真审稿；海宁市史志办主任柴伟梁、《海宁市志》副总编蒋小红等审稿并提出了宝贵的意见和建议。在出版过程中，浙江大学出版社社科出版中心宋旭华主任和蔡圆圆编辑给予了大力支持，在此一并表示衷心感谢！

以村为单位的专业志书编写是志书编纂的一次创新尝试，更限于专业知识缺乏，水平有限，书中疏漏不当之处在所难免，敬请各界人士不吝教正！

《云龙蚕桑志》编者

2017 年 12 月

图书在版编目（CIP）数据

云龙蚕桑志/ 张镇西主编. —修订本. — 杭州 ： 浙江
大学出版社，2018.12
ISBN 978-7-308-18470-0

Ⅰ．①云… Ⅱ．①张… Ⅲ．①蚕桑生产—概况—海宁
Ⅳ．①S88

中国版本图书馆CIP数据核字（2018）第176352号

云龙蚕桑志（修订版）

张镇西　　主编

责任编辑	蔡圆圆	
责任校对	杨利军　　张振华	
封面设计	十木米	
出版发行	浙江大学出版社	
	（杭州市天目山路148号　　邮政编码　310007）	
	（网址：http://www.zjupress.com）	
排　　版	杭州林智广告有限公司	
印　　刷	浙江省邮电印刷股份有限公司	
开　　本	710mm×1000mm　1/16	
彩　　插	28	
印　　张	16.25	
字　　数	273千	
版 印 次	2018年12月第2版　2018年12月第1次印刷	
书　　号	ISBN 978-7-308-18470-0	
定　　价	120.00元	

审图号：浙嘉S（2018）17号